碎屑岩沉积环境地震地貌学

李磊 著

中国石化出版社

图书在版编目（CIP）数据

碎屑岩沉积环境地震地貌学／李磊著.
—北京：中国石化出版社，2018.11
ISBN 978－7－5114－5092－0

Ⅰ.①碎… Ⅱ.①李… Ⅲ.①碎屑岩-沉积环境
②地震-地貌学Ⅳ.①P588.21②P315③P931

中国版本图书馆 CIP 数据核字（2018）第 243636 号

中国石化出版社出版发行
地址:北京市朝阳区吉市口路 9 号
邮编:100020　电话:(010)59964500
发行部电话:(010)59964526
http://www.sinopec-press.com
E-mail:press@sinopec.com
北京柏力行彩印有限公司印刷
全国各地新华书店经销
*
710×1000 毫米 16 开本 8.5 印张 206 千字
2018 年 11 月第 1 版　2018 年 11 月第 1 次印刷
定价:50.00 元

前　　言

纵观国内外地震地貌学的研究可知，地震地貌学是一门在当今地球物理技术飞速发展的基础上，综合地球物理学、地貌学和沉积学，多学科交叉、快速发展的边缘学科。它正由定性逐渐向定量化方向发展，并深入到沉积动力学机理、沉积数值模拟的研究中，其研究领域也逐渐由陆坡－深海盆地的深水沉积环境拓展到陆架浅海沉积环境以及湖泊等沉积环境。

笔者对地震地貌学已有十多年的研究，本书是对近年来研究成果的总结。全书共十章，第一章主要介绍地震地貌学概念、研究现状和发展趋势。第二章主要介绍松辽盆地古龙凹陷上白垩统嫩江组坳陷湖盆三角洲沉积体系地震地貌学。第三章和第四章分别介绍了东海陆架近海底潮汐沙脊三维地震地貌学和始新统平湖组潮汐水道地震地貌学研究成果。第五章～第十章主要论述赤道几内亚 Rio Muni 盆地陆坡地震地貌学，其中第五章对 Rio Muni 盆地陆坡地形、地貌单元以及典型地貌单元演化进行系统介绍，第六章和第七章重点对不同类型深水水道沉积构型和演化进行研究，第八章详细论述了海底麻坑地震地貌学研究成果，第九章重点介绍浊流沉积动力学参数——沉积通量对深水水道形态和构型的控制，第十章联合地震技术和沉积动力学数值模拟技术，对 Rio Muni 盆地深水分支水道内发育的溯源迁移、阶梯状底形开展地震地貌学研究。全书由李磊编写、统稿。张鹏、邹韵、许璐、都鹏燕、闫瑞、张媛媛、郭晔等参加了资料收集整理、图件清绘和文字校对工作。

本书由“西安石油大学优秀学术著作出版基金”资助出版并得到西安石油大学有关领导、教授的支持与帮助，在此表示衷心感谢！本专著是作者多年研究成果的总结。在多年的研究中，中国地质大学（北京）刘豪副教授、王海荣老师；中国石油大学（北京）龚承林副教授；得克萨斯大学奥斯汀分校 Ronald J. Steel 教授、Cornel Olariu 研究员对本书相关研究工作给予了大力支持和热情指导，在此一并致以真诚的谢意！

由于笔者水平有限，书中缺点和错误在所难免，敬请各位同行、专家批评和指正！

目　　录

第一章　概　　述

近 20 年来，现代和近海底地球物理成像技术的发展使人们对深水体系及其沉积过程有了新的认识（Sager 等，2004）。这些深水地球物理成像技术的进步推动了陆相地貌学研究方法被应用到深水沉积体系及其沉积过程的研究中（Davies 等，2007）。利用三维地震成像技术对深水地貌及其沉积体系开展研究的方法被称之为地震地貌学（Posamentier 等，2000，2007）。地震地貌学基于高分辨率三维地震数据，应用地震成像技术对地下地质体地貌进行研究的一门快速发展的学科（Posamentier 等，2007）。地震地貌学强调在高分辨率的三维地震数据体可视化显示中，每个沉积单元各自有其独特的形态和地震表现特征（Crevello 等，2005；Posamentier，2004，2000；Posamentier & Kolla，2003），而不同于一般的构造古地貌的概念。地震地貌学是在当今地球物理技术和手段飞速发展的基础上形成的、配合相应的方法来研究沉积过程和预测岩石特性的一门新兴的沉积学科。其利用高分辨率的三维地震数据体，结合岩心、测井和露头等资料，进行精细的沉积相研究，揭示沉积体时空展布规律，对有利储集体进行预测。地震地貌学的研究有助于增强对地下岩性划分和地层圈闭的预测，以及增强对沉积过程的理解（Posamentier 等，2007）。

为了更准确地解释地貌特征，分析地貌成因、分布与演化，地震地貌学已近发展到了定量地震地貌技术。为了研究一个盆地的演化史、沉积过程及其充填构型，利用三维地震数据开展沉积体系形态学定量分析，被称为“定量地震地貌学”（Wood，2007；Wood 和 Mize-Spansky，2009）。定量地震地貌学在地震地貌学的应用方面是一个新的方向，它将对古碎屑岩沉积环境的表征产生一个阶跃性的变化。这种定量方法为油气田开发方案、地质灾害研究、储层建模以及油气勘探不确定性评估等方面提供了确切的数据（Carter，2003；Posamentier，2003；Davies 等，2007；Wood，2007；Wood 和 Mize-Spansky，2009）。

纵观国内外地震地貌学的研究可知，地震地貌学是指利用地貌探测手段获得的地貌数据、钻测井数据、三维地震数据及成像技术来开展地貌学的研究，主要研究盆地地表形态、结构、成因、演化和分布规律（李磊等，2014）。地震地貌学正逐渐由定性向定量化方向发展，并深入到沉积动力学机理、沉积数值模拟的研究（Wood，2003；Li 等，2018；Li 和 Gong，2018），其研究领域也逐渐由陆坡－深海盆地的深水沉积环境拓展到陆架浅海沉积环境以及湖泊等沉积环境（李磊等，2014，2015，2016）。

第一章简要介绍了地震地貌学概念、研究现状和发展趋势。第二章至第十章分别介绍在湖相三角洲沉积环境（第二章）、现代和古代陆架环境（第三章和第四章）以及陆坡深水环境（第五章～第十章）等碎屑岩沉积环境中地震地貌学研究成果。第二章详细介绍了松辽盆地古龙凹陷上白垩统嫩江组三角洲前缘分流河道、河口坝三维地震表征以及河口坝动力学形成机制，并结合现代赣江三角洲河口坝沉积观测结果，总结分流河道－河口坝的沉积演化规律。第三章则详细介绍东海陆架近海底潮汐沙脊三维地震地貌学研究成果。第四章对东海西湖凹陷始新统平湖组复合潮汐水道进行识别，并对其内部结构、外部形态、叠置样式及演化进行研究。第五章基于 Rio Muni 盆地深水区 1400km^{2}的高分辨率三维地震资料对第四纪陆坡开展地形、地貌单元的构型、成因及演化研究。第六章是在第五章研究的基础上，重点研究深水弯曲水道的沉积构型、成因及沉积过程。第七章详细对深水弯曲水道和顺直水道的沉积构型、演化进行对比研究。第八章对 Rio Muni盆地第四纪陆坡高分辨率三维地震数据所揭示的海底麻坑开展地震地貌学研究，并对其构型、演化及其古深水水道的关系进行详细研究。第九章主要讨论沉积通量对深水水道几何形态和构型的控制。第十章对 Rio Muni 盆地高分辨率三维地震数据所揭示的沿深水分支水道分布的溯源迁移、阶梯状底形开展地震地貌学研究，综合利用地震技术和沉积数值模拟技术探讨了侵蚀型循环阶地向沉积型阶地逐渐转化及其动力学控制机理。

第二章 末端分流河道－河口坝三维地震表征及其演化

河口坝是三角洲前缘重要微相单元（段冬平等，2014；金振奎等2014；高志勇等，2016；Ahmed 等，2014；Fagherazzi，2015；Fielding 等，2005；Nardin 等，2013）。深埋地下的河口坝是国内含油气盆地重要油气储层，是国内学者研究的主要目标之一（陈清华等，2014；何文祥等，2005；梁宏伟等，2013；温立峰等，2011；辛治国，2008；杨延强和吴胜和，2015；张春生等，2000）。尽管存在大量的三角洲沉积露头和钻测井资料，目前主要基于 Miall （1996） 的构型界面定义，利用岩心、测井资料和动态资料，对河口坝构型进行定性和定量表征（陈清华等，2014；梁宏伟等，2013；温立峰等，2011；辛治国，2008；杨延强和吴胜和，2015；Ahmed 等，2014；Enge 等，2010；Li 和 Bhattacharya，2014；Olariu 等，2010；Schomacker 等，2010）。但对河口坝形成的动力学机理、演化过程研究较少（刘君龙等，2015；张春生等，2000；Fan 等，2006；He 等，2013）。河口坝微相在大多数含油气盆地，由于其沉积厚度和规模较小，无明显地震响应特征，难以直接识别，研究程度滞后。近年来，随着地震技术的发展，高分辨率三维地震资已成为研究古沉积体系构型及其演化的有力工具（林承焰等，2007；王建功等，2009；曾洪流等，2015；曾洪流等，2013；朱筱敏等，2013）。河口坝三维地震表征、形成动力学机理分析及演化研究能够为河口坝的形状、规模和空间分布预测提供理论依据（Edmonds 和 Slingerland，2007；Fagherazzi 等，2015；Miall，1996；Nardin 等，2013）。笔者利用钻测井资料和三维地震资料，在河口坝三维空间宏观识别的基础上，然后基于河口坝形成的紊流射流（turbulent jet）动力学成因机制，并结合现代鄱阳湖赣江三角洲末端分流河道－河口坝的演化，对松辽盆地古龙凹陷英79井区嫩江组三段发育的分流河道－河口坝成因和演化进行分析，并总结了该地区分流河道－河口坝演化模式，以期对本地区及其他含油气盆地河口坝储层的储层预测提供理论依据。

第一节 古龙凹陷区域地质背景及研究区数据

松辽盆地古龙凹陷，西邻大安阶地，东邻大庆长垣［图2－1（a）］。嫩江组沉积时期，松辽盆地处于裂后热沉降阶段（冯志强等，2012）。嫩江组一段沉积末期至嫩江组二段沉积初期，湖泊扩张达到最大规模（冯志强等，2012）。从嫩江组三段至五段沉积时期，发生湖退，发育一系列由东向西的三角洲沉积（冯志强等，2012；黄薇等，2013；张晨晨等，2014）。

研究区拥有英79井1口，嫩江组三段为主要目的层。嫩江组三段沉积时期，湖平面逐渐下降，发育进积三角洲。沿物源方向区域地震剖面可见同相轴下超现象［图2－1（b）］。三维地震工区约70km^2，频带范围12～88Hz，主频50Hz，地震数据采样率2ms。嫩江组三段的速度为3450～4000m/s，地震垂向分辨率为8～20m。笔者基于英79井嫩江组三段的钻测井资料和三维地震资料，在对现代鄱阳湖赣江三角洲末端分流河道－河口坝卫星图像观测分析的基础上，利用紊流射流理论对河口坝的形成、演化进行分析，并总结末端分流河道－河口坝沉积演化模式。

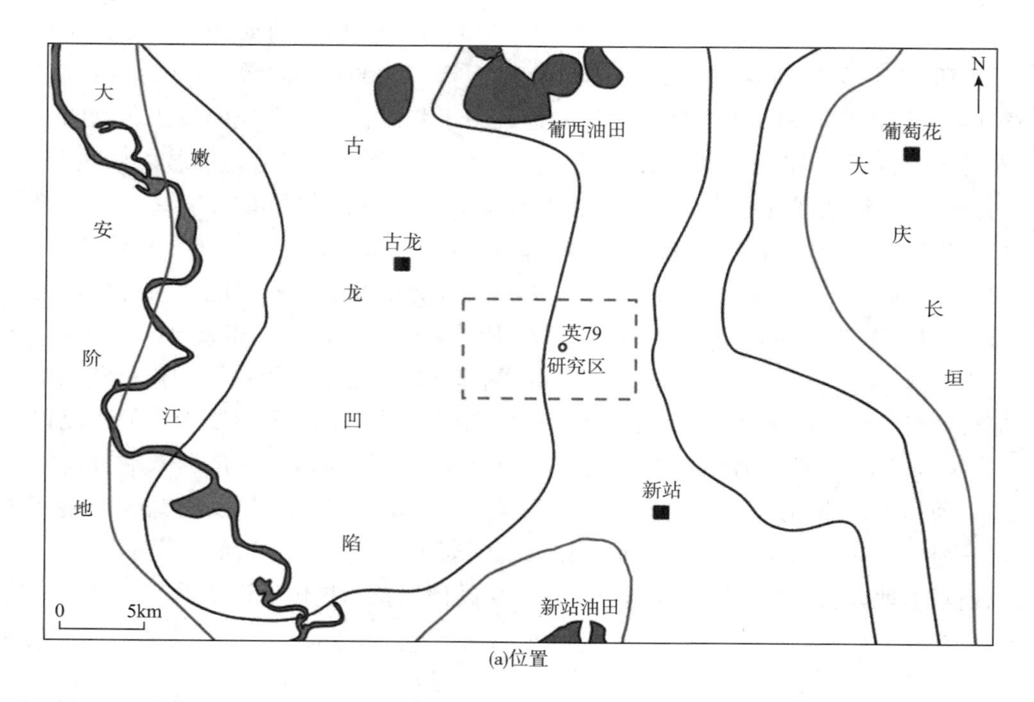

(a)位置

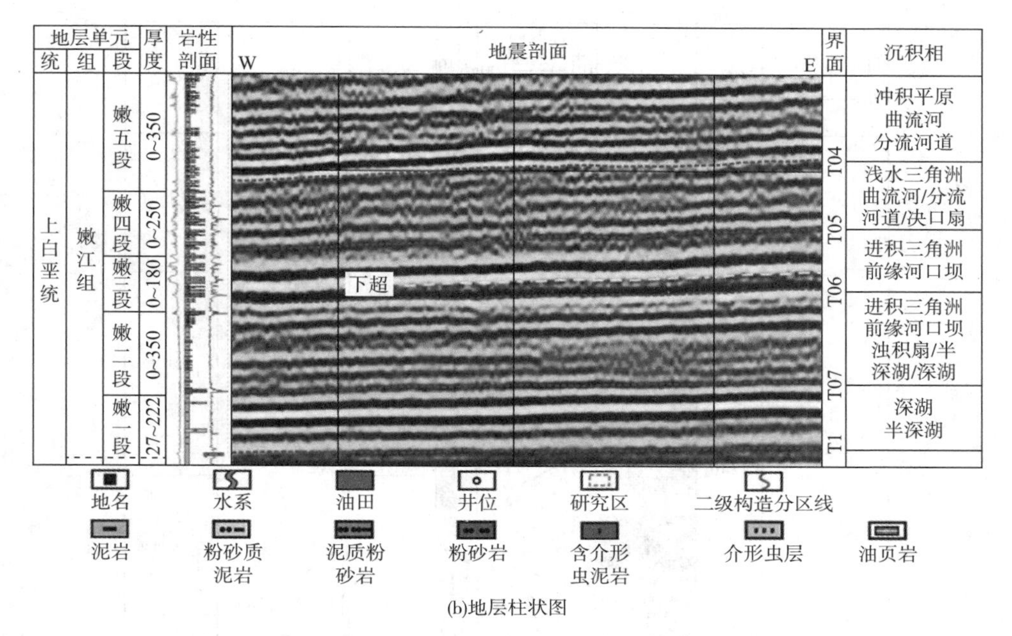

(b)地层柱状图

图 2－1　松辽盆地古龙凹陷英 79 井区位置及地层柱状图

（据冯志强等，2012；黄薇等，2013；张晨晨等，2014 修改）

第二节　分流河道和河口坝的地质地球物理响应

一、分流河道和河口坝沉积的测井响应特征

英 79 井嫩江组三段由 3 套反旋回沉积组成（图 2－2）：旋回 1 为一套 10m 厚的进积河口坝沉积，具有反旋回特征，底部为深灰、黑灰色泥岩、灰色泥质粉砂岩（7.75m 的中端河口坝沉积），上部粉砂岩（2.25m 的近端河口坝沉积），自然伽马曲线和电阻率曲线呈漏斗状，解释为单一河口坝沉积；旋回 2 为分流河道－河口坝，底部为灰绿色泥岩和灰色粉砂质泥岩和泥质粉砂岩互层（4.75m 的远端河口坝沉积），上部为灰色泥质粉砂岩（3.75m 中端河口坝沉积），两者构成 8.5m 厚的单一进积河口坝沉积旋回。旋回 2 顶部由泥质粉砂岩和粉砂岩组成的 4.5m 厚分流河道沉积；旋回 3 由滨浅湖灰绿色泥岩沉积和 4.25m 厚的河口坝边缘粉砂质泥岩和灰色泥质粉砂岩沉积组成，呈反旋回特征。嫩江组三段沉积时期，由早期到晚期，湖水逐渐变浅，发育的河口坝厚度有减薄趋势。

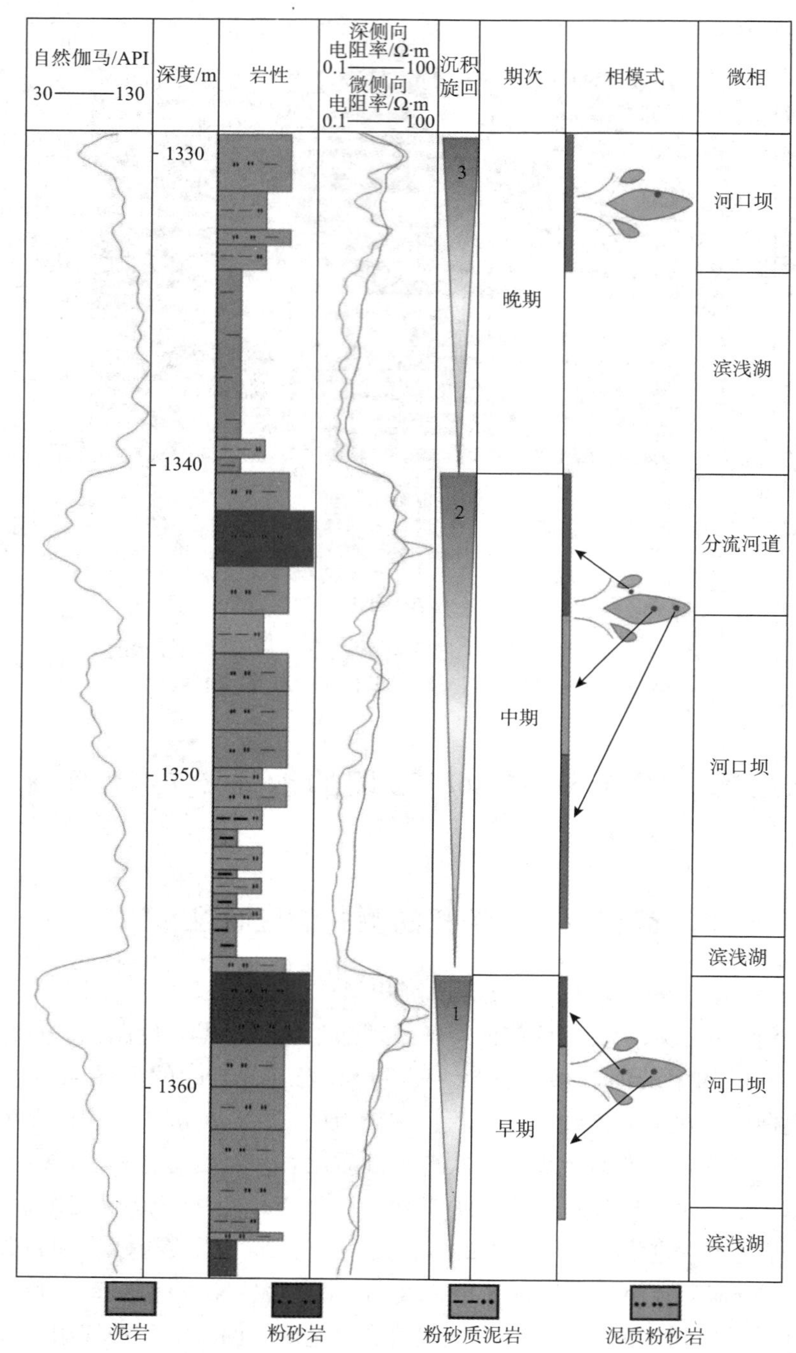

图 2－2　英 79 井嫩江组三段分流河道－河口坝

二、分流河道-河口坝三维地震表征

对英79井嫩江组三段井震结合，精细标定结果显示，地震剖面上黑色低频、强波峰内夹有透镜状、高频、弱振幅异常体反射（图2-3），这些异常体反射对应钻测井资料所揭示的河口坝沉积。为了刻画异常体平面展布特征，对地震异常体顶底界面进行精细层位解释，并提取顶底界面层间均方根振幅属性（图2-3）：弱振幅异常体呈NE-SW向展布，在研究区右上角部分呈条带状分布，而在其末端呈朵状分布。基于英79井钻测井解释结果和沉积相模式，研究区嫩江组三段发育的异常体解释为分流河道-河口坝。

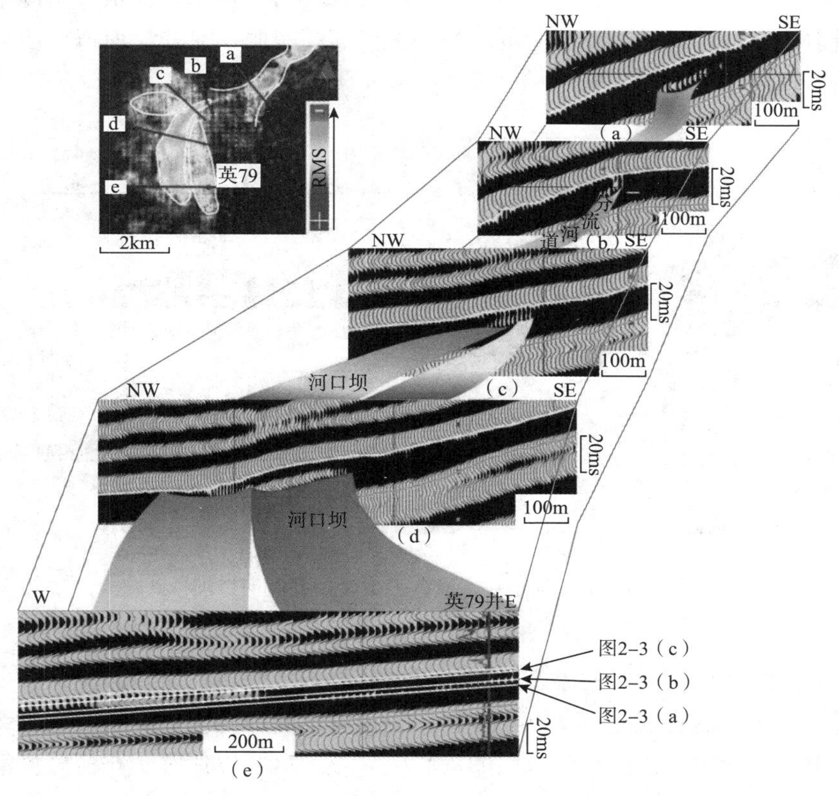

图2-3　分流河道-河口坝典型剖面

均方根振幅及5条横切该异常体的地震剖面显示：研究区发育NE向的分流河道-河口坝；宽80～160m的分流河道在地震剖面上表现为短透镜状、高频、中弱振幅反射［图2-3（a）、图2-3（b）］；叠置河口坝在地震剖面上表现为垂向叠加、横向连接的长透镜状、高频、中振幅反射［图2-3（c）、图2-3（e）］。

第三节　河口坝动力学机制及河口坝分级

载有沉积物的水流在分流河道的出口处，由限定性流转化为非限定性流，并以紊流射流的方式流入湖水［图2-4（a）］（Canestrelli 等，2014；Edmonds 和 Slingerland，2007；Fagherazzi 等，2015；Nardin 等，2013）。由于水流迅速扩散并受周围摩擦力的影响，水流减速（Canestrelli 等，2014）。由分流河道口向湖中心方向，沿射流轴线，紊流射流搬运沉积物的能力逐渐减弱，在分流河道口前方形成朵状河口坝（图2-4）。

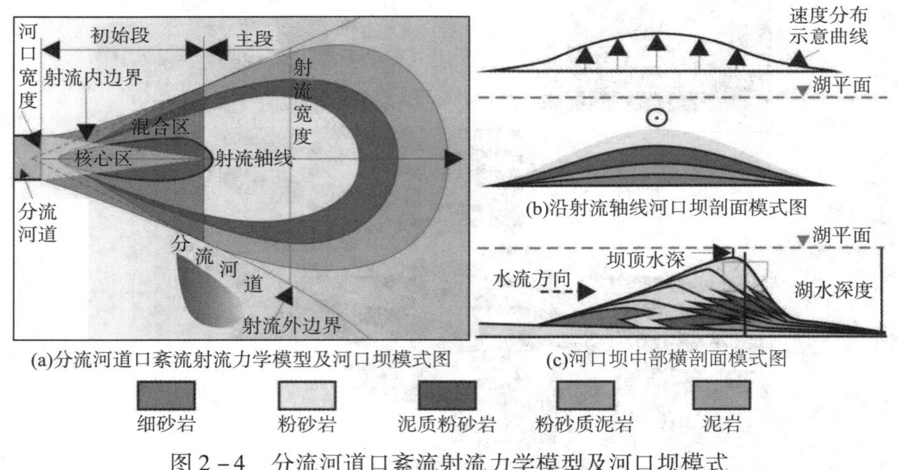

(a)分流河道口紊流射流力学模型及河口坝模式图

图2-4　分流河道口紊流射流力学模型及河口坝模式

（据平浚，1995；Edmonds 和 Slingerland，2007；Fagherazzi 等，2015；Nardin 等，2013）

紊流射流在形成稳定的流态后，可以划分为初始段和主段两部分，其中初始段包括核心区和混合区［图2-4（a）］。射流可以看作是由射流主段边界线延伸的交点喷出。两射流内边界线包围的核心区（核心区长度约等于6倍分流河道宽度）内，水流速度不变，与分流河道口的水流速度一致。虽然射流卷吸周围水体，宽度不断扩展，质量不断增加，射流总体并未受外力作用。射流内部压力与周围湖水的压力差很小，可认为射流沿水平方向动量守恒。核心区内，横向速度为零，流线为水平直线。

射流内边界与外边界之间的混合区，由于射流与周围湖水发生动量交换，将周围的水体卷吸到混合区内，使混合区不断扩大。在初始阶段后，射流宽度仍不断扩大，形成射流主段。进入主段后，射流轴线上的速度不断减小。不同横截面上速度由射流轴线向两侧有减小趋势，并且速度分布可以以无量纲形式［采用无量纲速度（射流横截面上任意点处的速度与射流轴线上速度的比值）和无量纲距离（射流截面任意点处的高度与射流半宽度的比值）来表示射流主段内的速度分布］表示且具有相似性，即自模性［图2－4（b）］（平浚，1995；Edmonds 和 Slingerland，2007；Fagherazzi 等，2015；Nardin 等，2013）。

Edmonds 和 Slingerland（2007）研究发现，沿射流运动方向，垂直射流轴线的单位横截面的沉积物数量（沉积通量）约占总沉积物通量的3%，因此，射流主要沿平行射流轴线搬运沉积物。当沿射流轴线的沉积通量梯度小于0，在底部一定有沉积物沉积。因此，沉积物沉积最多的位置一定是沉积通量变化最大的位置。河口坝形成之前，射流轴线位置等于分流河道口宽度的位置，沉积通量的差异最小。经过一段时间的沉积后，初始河口坝在射流轴线距离等于分流河道河口宽度处形成。河口坝形成后，并不是静止的（Fan 等，2006）。河口坝形成后，最大压力点位于河口坝的迎流面，河口坝上部水流速度加速，并对河口坝顶部和表面进行侵蚀。随着河口坝后翼水深的增加，压力增大，水流速减弱，从迎流面侵蚀的沉积物在河口坝后翼沉积下来，导致河口坝前积。河口坝经常随时间的推移进积和加积，最后停止前积，开始变宽［图2－4（c）］。但当河口坝进积或加积到一定程度，河口坝顶部足够高时（坝顶水深与湖水深度之比小于0.4时）（Edmonds 和 Slingerland，2007），在河口坝的迎流面将产生一定的流体压力，迫使水流从河口坝两侧绕过，而不是越过河口坝顶部，最终河口坝停止进积或停止生长。

综上，末端分流河道口，携带沉积物的水流以紊流射流形成初始河口坝（Ⅰ级河口坝）。当Ⅰ级河口坝进积、加积到一定程度，Ⅰ级河口坝停止生长，水流在Ⅰ级河口坝两侧形成新的分流河道－河口坝体系（Ⅱ级分流河道－河口坝）。以此类推，在Ⅱ级河口坝停止生长后，在其两侧将形成Ⅲ级分流河道－河口坝。因此，在理想条件下，末端分流河道－河口坝内，每一级分流河道－河口坝的个数为2^{n-1}，n为河口坝级数（$n=1, 2, 3, \cdots$）。

第四节 河口坝演化

一、现代三角洲前缘河口坝

鄱阳湖是一个吞吐型湖泊，湖底坡度约0.1°，平均水深8.4m（金振奎等，2014）。赣江流入鄱阳湖发育河控三角洲，在三角洲前缘分流河道口发育河口坝[图2－5（a）]。图2－5展示了5级分流河道－河口坝。当Ⅰ级分流河道前方的河口坝进积、加积到一定程度（坝顶水深小于3m），该河口坝停止向前、向上生长。大部分水流在河口坝两翼迅速分流，并水道化。这些新的分流河道开始变得稳定，并且沿两个新分流河道的河道口发育Ⅱ级河口坝，Ⅱ级河口坝开始进积、加积，直至河口坝顶部达到一定高度而终止，水流在Ⅱ级河口坝两翼再次分流，水道化，最后形成5级分流河道－河口坝。

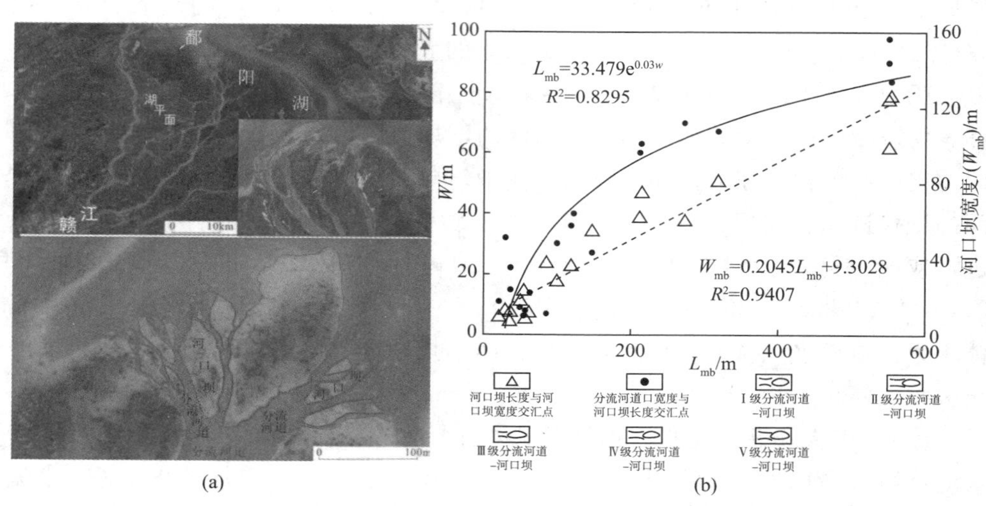

图2－5 赣江三角洲末端分流河道－河口坝（图像来自Google Earth，2011.12.3摄）

Edmonds和Slingerland（2007）认为，湖水深度、河道口宽度、河道口水流速度及水流携带沉积物粒度参数是影响河口坝长度和宽度的主要因素。由于当河口坝顶部水深与湖水深度之比小于0.4时，河口坝停止进积，河口坝长度则不再增加，所以在众多因素之中，湖水深度是影响河口坝长度最重要的因素。由紊流射流理论可知，河口坝限定在两射流外边界之间区域，而射流外边界与分流河道口的宽度密切相关（图2-4），因此，河口坝的最大宽度在一定程度上也受河道口宽度的限制。

对于地形平缓的鄱阳湖湖底，末端分流河道-河口坝，各级分流河道其水深、水流速度以及沉积物粒度差异较小，因此，各级分流河道河口宽度则是影响河口坝长度的主要因素。通过对赣江三角洲前缘所发育的22组分流河道-河口坝的研究分析发现，河口坝长度与分流河道宽度呈指数相关，并且河口坝宽度与河口坝长度之间具有良好的线性相关性［图2-5（b）］：

$$L_{mb}=33.479e^{0.03W} \quad (2-1)$$

$$R^2=0.8295$$

$$W_{mb}=0.2045L_{mb}+9.3028 \quad (2-2)$$

$$R^2=0.9407$$

因此，已知分流河道的河口宽度情况下，可以利用分流河道口宽度与河口坝长度指数关系式以及河口坝宽度与河口坝长度之间的线性关系式对深埋地下的河口坝储层进行预测，提高储层预测的精度。除上述因素外，波浪与地形等也对河口坝的平面展布和形态具有重要的影响作用（Nardin 和 Leonardi，2012；Esposito 等，2013；Fagherazzi 等，2013）。

二、英79井区分流河道-河口坝演化及沉积模式建立

1. 英79井区嫩江组三段河口坝长度、宽度预测

英79钻测井资料揭示，嫩江组三段发育三期分流河道-河口坝（图2-2），但由于研究区地震垂向分辨率的限制，地震剖面不能分辨单一分流河道-河口坝。研究区地层平缓，构造简单，由于分流河道-河口坝的水平宽度大于其厚度，因此，在利用合成地震记录对英79井嫩江组三段所发育的三期分流河道-河口坝顶底界面精细标定的基础上，按1×1网格对三维地震数据体进行精细解释，然后利用沿层切片技术对三期分流河道-河口坝平面特征及空间特征进行表征。将分流河道-河口坝底界对应的地震解释层位进行层拉平，然后沿该拉平后的层位向上以2ms时间间隔做切片。英79井合成地震标定结果显示，分流河道、河口坝所对应的弱振幅透镜状地震反射在14ms、16ms以及22ms时间间隔的沿层切片上呈北东向展布，前端呈条带状，末端呈朵状分布［图2-3（e）、图2-6］。根据沿层切片以及经验公式（2-1）和式（2-2）对英79井区嫩江组三段早、中和晚沉积时期所发育的河口坝规模进行了预测（表2-1）。预测结果

显示，英79井区嫩江组三段河口坝的长度和宽度具有良好的相关性，而沿层切片所能识别出的Ⅰ级河口宽度与其对应的Ⅰ级河口坝长度具有一定的指数相关性。

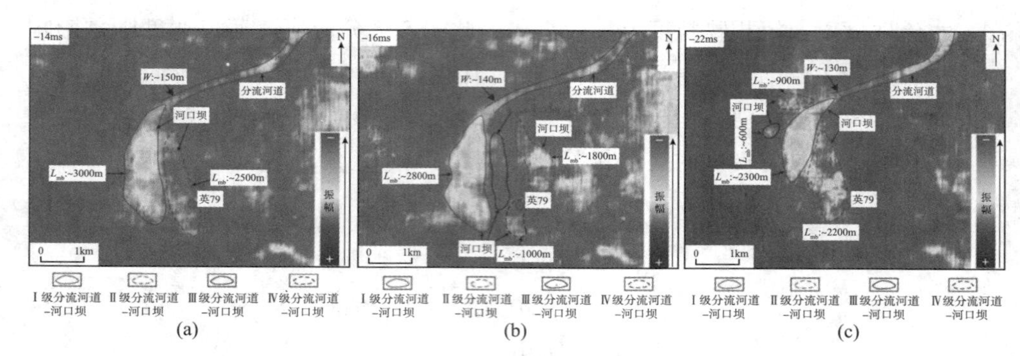

图2-6　分流河道-河口坝演化

表2-1　英79井区嫩江组三段河口坝长度、宽度预测表

时期	级别	地震预测河口宽度/m	地震预测河口坝长度/m	河口坝长度/m	地震预测河口坝宽度/m	河口坝宽度/m
早期	Ⅰ级	150	3000	3013	610	623
	Ⅱ级		2500		540	521
中期	Ⅰ级	140	2800	2233	590	582
	Ⅱ级		1800		410	377
	Ⅲ级		1900		370	398
	Ⅳ级		1000		240	214
晚期	Ⅰ级	130	2300	1654	520	480
	Ⅱ级		900		220	193
			2200		480	459
	Ⅲ级		600		160	132

注：“-”表示由于地震无法分辨而无数据。

2. 英79井区嫩江组三段分流河道-河口坝演化

参照鄱阳湖赣江三角洲末端分流河道-河口坝沉积模式，基于测井、录井以及沿层切片对松辽盆地古龙凹陷英79井区嫩江组所发育的三期末端分流河道-河口坝的演化规律进行分析。

14ms沿层切片对早期末端分流河道-河口坝空间展布进行表征，可划分为2

级［图2–6（a）］Ⅰ级分流河道的河道口宽约150m，发育的河口坝长约3000m［经验公式（2–1）计算河口坝长度约3013m，河口宽度与河口坝长度具有良好的指数相关性，表2–1］，宽约610m［经验公式（2–2）计算河口坝宽度约623m，河口坝宽度与河口坝长度具有良好的线性相关性，表2–1］。二级分流河道由于地震分辨率的限制，振幅切片未能清晰识别，二级河口坝长约2500m，宽约540m（表2–1）。英79井在嫩江组三段钻遇的早期10m厚的河口坝为二级河口坝［图2–1、图2–6（a）］。由于英79井钻遇的二级河口坝不一定位于该河口坝的坝顶部位，因此，河口坝的坝顶高度（h）至少10m。基于Edmonds和Slingerland（2007）数值模拟结论，当河口坝顶部水深与湖底水深之比小于等于0.4时，河口坝停止生长，则有公式：

$$\frac{D-h}{D}\leqslant 0.4 \tag{2-3}$$

由公式（2–3）可以推测当时水深至少17m。

16ms沿层切片对中期末端分流河道–河口坝空间展布进行表征，可划分为4级［图2–6（b）］：Ⅰ级分流河道的河口宽度约140m，河口坝长度约2800m，宽约590m（表2–1）。Ⅱ和Ⅲ级分流河道地震切片未能识别，仅识别出Ⅱ级河口坝（长约1800m，宽约410m）和Ⅲ级河口坝（长约1900m，宽约370m）（表2–1）。在Ⅱ级河口坝和Ⅲ级河口坝间形成的Ⅳ级分流河道，并在其出口处发育Ⅳ级河口坝（长约1000m，宽约240m）（表2–1）。英79井在嫩江组三段钻遇的8.5m厚河口坝应为Ⅳ级河口坝［图2–1、图2–6（b）］，粒度较细、规模较小，推测当时的水深至少14m。而所钻遇的中期分流河道是由水流在Ⅱ级和Ⅲ级河口坝两侧分流并水道化形成的分流河道。

22ms沿层切片对晚期末端分流河道–河口坝空间展布进行表征，可划分为3级［图2–6（c）］：Ⅰ级分流河道的河道口宽度约130m，对应的Ⅰ级河口坝长度约2300m，宽约520m（表2–1）。Ⅱ级和Ⅲ级分流河道地震切片仍不能识别，识别出2个Ⅱ级河口坝（长度和宽度分别为2200m、480m和900m、220m，表2–1）和1个Ⅲ级河口坝（长约600m，宽约160m）。英79井在嫩江组三段钻遇的晚期4.25m厚的河口坝应为Ⅱ级河口坝前缘沉积［图2–1、图2–6（c）］，推测当时水深至少7m。

从早期到晚期，水深由17m降至7m，河口坝进积或加积空间逐步缩减，Ⅰ级河口坝长度分别为3000m、2800m和2500m，逐渐减小，揭示湖水深度对河口坝长度具有一定的影响作用。另外，沿层切片识别出的Ⅰ级分流河道的河口宽度与其所对应的Ⅰ级河口坝长度基本满足指数经验关系式（2–1）。尽管由于地震分辨率的限制，仅有3组河口宽度与河口坝长度数据，但说明河口宽度对河口坝长度仍具有一定程度的影响。因此，在英79井区嫩江组三段，湖水深度、分流河道的河口宽度对河口坝具有重要影响作用。

鄱阳湖湖底平均水深8.4m（金振奎等，2014），水体较浅，因而，限制了河口坝加积和进积的空间，河口坝发育规模相对较小。而松辽盆地古龙凹陷英79井区嫩江组三段早期湖水深度至少17m，中期至少14m，与鄱阳湖相比，湖水较深，河口坝加积和进积空间较大，因此河口坝规模较大（河口坝长度600～3000m，宽度160～610m）（图2－5、图2－6和表2－1）。

另外，由沿层切片所能识别的Ⅰ级分流河道宽度（130～150m），也比现代赣江三角洲末端分流河道口宽度（5～80m）大（图2－5、图2－6和表2－1）。因此，受水深和河口宽度因素的影响，英79井区嫩江组末端分流河道－河口坝，其规模（分流河道宽度、河口坝长度）比鄱阳湖赣江三角洲末端分流河道－河口坝规模要大。河口坝形成及展布规律除了受分流河道的河口宽度和湖水深度影响之外，还受水流速度、沉积物粒度等因素的影响（Edmonds和Slingerland，2007；Fagherazzi等，2013；Nardin等，2015）。今后，将加强研究现代鄱阳湖赣江三角洲末端分流河道出口处的水流速度、水流携带沉积物粒度、波浪因素对河口坝形成和展布规律的影响，以期对古代河口坝的研究提供更加合理的理论依据。

3. 英79井区嫩江组三段分流河道－河口坝演化模式

在前述研究的基础上，总结了松辽盆地古龙凹陷英79井区嫩江组三段末端分流河道－河口坝演化模式（图2－7）：松辽盆地古龙凹陷嫩江组沉积时期，盆地演化处于坳陷期，湖底平缓，在嫩江组嫩二段盆地湖水达到最高水位，之后湖平面逐渐下降。嫩江组沉积早期，湖水约17m，来自北东向物源注入湖泊，发育大型浅水缓坡三角洲。英79井区位于三角洲前缘部位，其中发育末端分流河道，并在分流河道出口处发育河口坝［图2－7（a）］。水流经过长距离搬运并受湖水顶托作用下，在末端分流河道口水流速度减弱、携带沉积物粒度较细，英79井区主要以泥岩、粉砂质泥岩、泥质粉砂岩和粉砂岩为主（图2－2）。携带细粒沉积物的水流在分流河道口以紊流射流形式喷射到湖水内，沉积物在射流外边界内形成初始河口坝沉积。在射流主段，沿射流轴线方向水流的减速以及垂直射流轴线方向水流向两侧的减速体现在沉积物粒度由近端河口坝向远端河口坝和由河口坝中心向两侧逐渐变细（图2－2）。初始河口坝形成以后，水流对初始河口坝迎流面侵蚀，而在河口坝后翼沉积，导致河口坝逐步进积、加积，初始河口坝长度和高度逐步增大。但当河口坝高度达到一定高度时，即河口坝的坝顶水深与坝底水深之比小于0.4时，河口坝迎流面一侧水流压力增大，大部分水流不能从坝顶流过，而是从河口坝两侧绕过，河口坝停止进积、加积，河口坝停止生长，Ⅰ级分流河道–河口坝体系确立。而绕过Ⅰ级河口坝两侧的水流，则水道化，并形成Ⅱ级分流河道，携带沉积物的水流，在Ⅱ级分流河道口形成Ⅱ级河口坝。若湖水足够深、物源供给充分则会形成下一级分流河道–河口坝。嫩江组三段沉积中期，湖平面由17m下降至14m，英79井区发育4级分流河道–河口坝［图2–7（b）］。晚期湖水深度降至7m、Ⅰ级分流河道河口宽度变为130m等原因，发育的Ⅰ、Ⅱ级河口坝规模均比早期的河口坝小。嫩江组三段沉积后期，湖平面持续下降，英79井区发育3级分流河道–河口坝［图2–7（c）］。

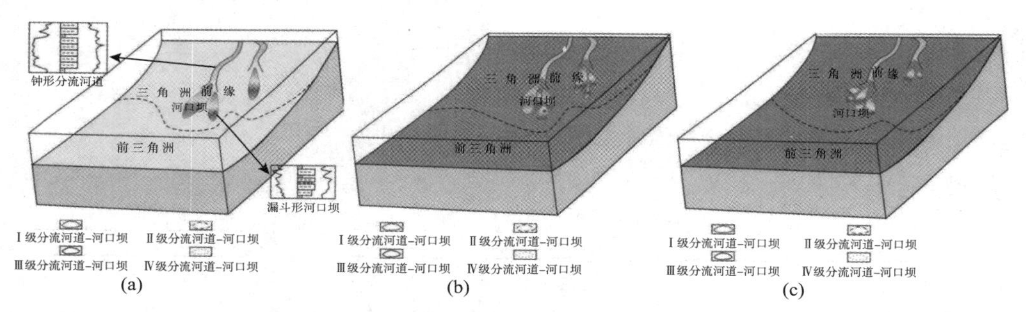

图2–7 末端分流河道–河口坝演化模式

L_{mb}—河口坝长度，m；W—分流河道口宽度，m；W_{mb}—河口坝宽度，m；

R—相关系数，无单位；D—湖水深度，m；h—河口坝坝顶高度，m

第五节 小 结

（1）松辽盆地古龙凹陷英79井区嫩江组三段发育3期分流河道–河口坝。反旋回、漏斗状的河口坝在地震剖面上呈透镜状、高频、中弱振幅反射特征。英79井嫩三段由下至上，泥岩颜色由黑灰色、深灰色到灰绿色转变，河口坝厚度逐渐减薄（10m、8.5m和4.25m），揭示从早期到晚期湖水由深变浅（17m、14m和7m）。

（2）分析现代鄱阳湖赣江三角洲和英79井区嫩江组三段发育的分流河道–河口坝表明，湖水深度和分流河道河口宽度是影响河口坝长度的主要因素。分流河道口宽度与河口坝长度呈指数相关，河口坝长度与河口坝宽度具有良好的线性相关性。

（3）由于水深、分流河道的河口宽度不同，在分流河道末端发育不同级次、不同规模、展布特征差异的河口坝群。在理想条件下，末端分流河道－河口坝发育的各级分流河道－河口坝的个数为 2^{n-1}，n 为河口坝级数（$n=1, 2, 3, \cdots$）。

（4）结合钻测井资料，利用三维地震切片技术，借鉴现代河口坝演化模式，总结了古龙凹陷嫩江组三段英 79 井区末端分流河道－河口坝演化模式。古龙凹陷英 79 井区嫩江组三段沉积时期，携带泥岩和粉砂岩为主的水流在末端分流河道出口处，以紊流射流方式注入湖水，形成早、中和晚 3 期反旋回的河口坝。3 期河口坝沉积时期，受湖水深度、水流携带沉积物粒度以及分流河道口宽度的影响，在末端分流河道口发育多级河口坝。

第三章　东海陆架沙脊三维地震地貌学、成因及演化

世界各地潮控陆架发育的线状陆架沙脊具有槽脊相间的地形特征（吴自银等，2010；Forsyth 等，2012；Green 和 Smith 等，2012；Green，2009；Shi 等，2011；Snedden 等，2011；Son，2012；Zheng 等，2012）。线状陆架沙脊主要分布于近岸浅海区、河口区、海峡和水道出口处等潮流作用强烈的地区。近 30 年来，江苏弶港、渤黄海、东海陆架、台湾海峡、琼州海峡等地区存在的线状海底地形引起了国内外学者的广泛关注，并利用多波束海底测深数据、海底取心以及二维剖面对现今陆架沙脊的表面形态、内部结构、平面分布和演化进行了研究（刘忠臣等，2003；吴自银等，2010；吴自银等，2006；吴自银等，2002；王嵘等，2012；王颖等，1998；杨长恕，1985；杨文达，2002；刘振夏和夏东兴，2012；Berne 等，2002；Liu 等，2007；Shi 等，2011；Zheng 等，2012）。刘忠臣等（2003）概述了东海沙脊地貌的基本形态特征。刘振夏和夏东兴（2004）基于东海陆架的地形、沉积、潮流动力等资料，分析陆架潮流沉积体系的潮流沉积过程、特征和主导因素。吴自银等（2006）对国内外海底沙脊地貌的研究成果、技术方法及中国东海沙脊研究中存在的问题进行了综述，认为东海中北部陆架沙脊地貌形成时期、沉积类型、沉积动力及沉积模式等研究尚存在较多争议。吴自银等（2010）对东海陆架线状沙脊进行了识别、分区和分类，建立了沙脊脊线分布图谱。陆架沙脊研究集中在特征和结构方面，关于海底沙脊的形成年代、成因模式、沉积类型、活动性等问题仍有争议。应综合利用多波束探测数据、地震数据、柱状样品以及钻孔等获取的多种资料对沙脊地貌的精细结构、时空展布以及成因机制和演化模式进行研究。

旁侧扫描声纳和反向散射成像技术初步揭示了陆架沙脊的外部形态和内部结构。高分辨率三维地震数据和成像技术为研究陆架沙脊的精细沉积构型和空间演化提供了良好手段。地震地貌学是指利用三维地震成像技术来研究盆地地形及沉积体系的方法（Kolla 和 Posamentier，2003）。通过地震地貌分析，可以对沉积体系进行识别、解释和预测（Li 等，2012；Zeng 等，2011）。本文利用近海底三维

地震资料开展地震地貌学研究，揭示研究区第四系陆架沙脊的三维空间形态、内部结构及其演化，为古埋藏沙脊的识别和预测提供理论基础。

第一节　地质概况及资料分析

东海陆架的潮流动力和物质基础为该地区发育陆架沙脊提供了最佳环境（刘振夏和夏东兴，2004）。丰富的松散沉积物是潮流沙脊发育的必要物质条件，陆架沙脊组成物质主要来自潮流侵蚀海底松散物质的再堆积（Liu 等，1998）。东海陆架发育的近 $7\times10^4km^2$ 的陆架沙脊，提供了一个研究陆架沙脊理想场所（图 3－1）。东海陆架具有宽、缓、浅的特点，以潮流、沿岸流、台湾暖流以及黑潮等外动力作用为主（图 3－1）。东海 M2 半日分潮流椭圆主轴方向与潮流传播方向近似一致，指向西北，东海陆架沙脊脊线方向与太平洋潮波前进方向基本相同，与岸线方向大致垂直（图 3－1）。冰消期，海平面上升，长江口向陆迁移。潮流对东海陆架海底大量松散的陆相沉积物进行侵蚀、搬运和再堆积，形成一系列 NW-SE 向延伸上百千米、高达数十米、槽脊相间的条带状海底地形（图 3－1）。

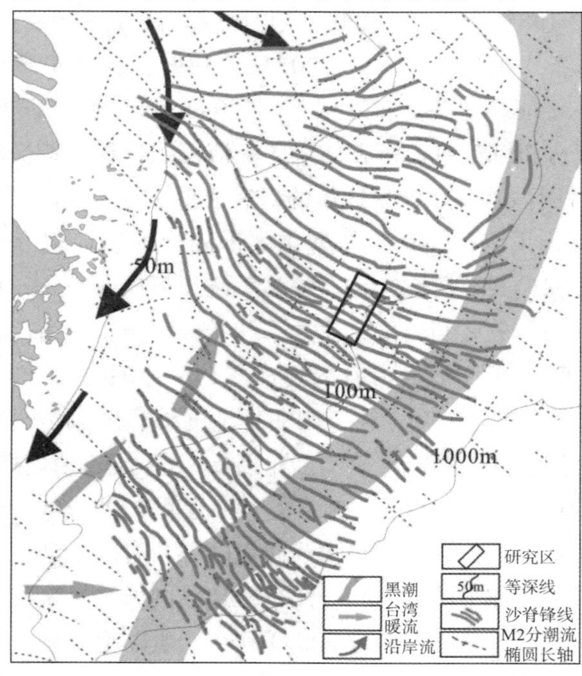

图3－1　东海地形及主要洋流分布（据吴自银等，2010；赵保仁等，1994；Xu 等，2012 修改）

研究区位于东海外陆架75～102m水深区，面积2100km²（图3－1）。研究区三维地震数据1700km²，频带2～180Hz，主频20Hz。研究区陆架海底具有典型的槽脊相间的海底地形特征，发育7条陆架沙脊沉积体系（图3－2）。本文在前人研究的基础上，利用三维地震资料对研究区第四系陆架沙脊体系开展地震地貌学研究，研究陆架沙脊的地形形态，对陆架沙脊构型（外部形态、内部结构及其叠置样式）、成因及其演化进行识别和推测。

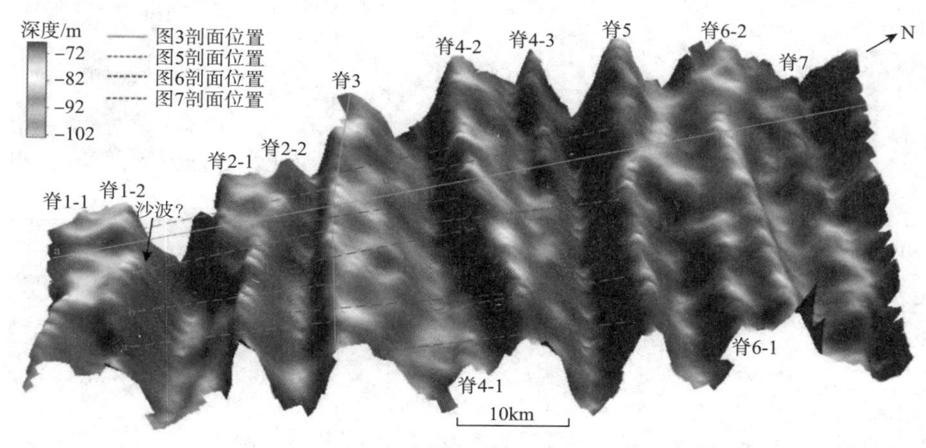

图3－2　研究区海底地形

第二节　陆架沙脊沉积构型

一、沙脊分布特征

研究区发育7条NW-SE向的陆架沙脊体系。脊3、脊5和脊7相对稳定，由单一沙脊组成，呈现为独立沙脊特征。而脊1、脊2、脊4、脊6则由2条或3条沙脊交叉组合而成［图3－2、图3－3（a）］。脊顶最小水深75m，槽底最大水深102m（图3－2）。研究区内，陆架沙脊宽2～12km，最大脊槽高差达30m。脊－槽表面的低幅度、NE-SW向条带状特殊地形，推测是现代潮流作用形成的沙波［图3－2、图3－3（b）］。

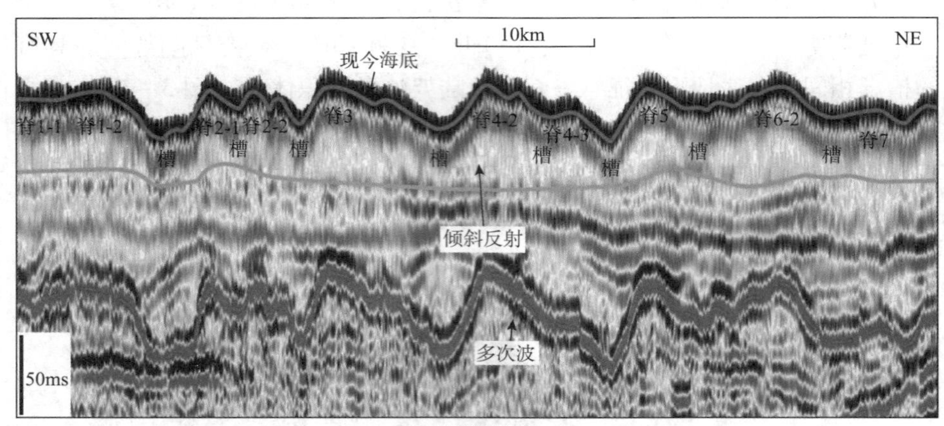

(a)沙脊横剖面

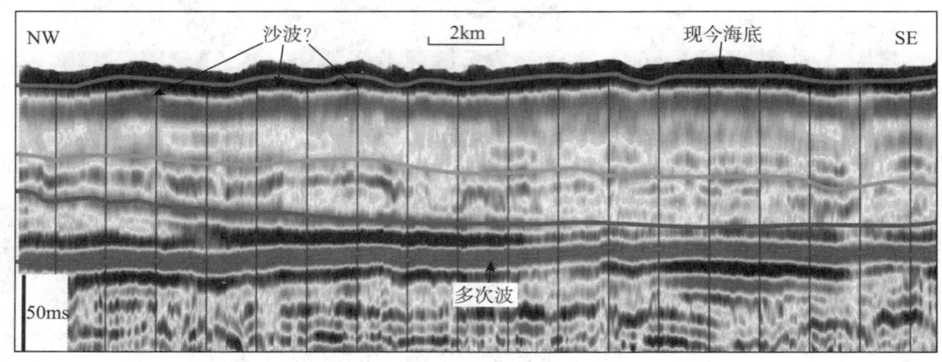

(b)沙脊3轴线剖面

图 3-3　研究区沙脊横剖面和沙脊 3 轴线剖面

二、沙脊外部形态及内部结构

研究区陆架沙脊横剖面不对称［图 3-3（a）］。脊 3 的轴线剖面显示，由 SE-NW 方向沙脊厚度逐渐减薄呈楔形［图 3-3（b）］。脊 2、脊 3、脊 4 和脊 5 的陡坡面向 SW-SSW，最大坡度 1.7°（图 3-4）；脊 1、脊 6 和脊 7 陡坡面向 NE-NNE，最大坡度 1.1°（图 3-4）。缓坡比较平缓，大多小于 0.8°。脊 4-2 内部呈现与陡坡倾斜方向相近的倾斜反射，推测是沙脊前积层，较新的脊 4-3 爬升到较老的脊 4-2 之上［图 3-3（a）］。

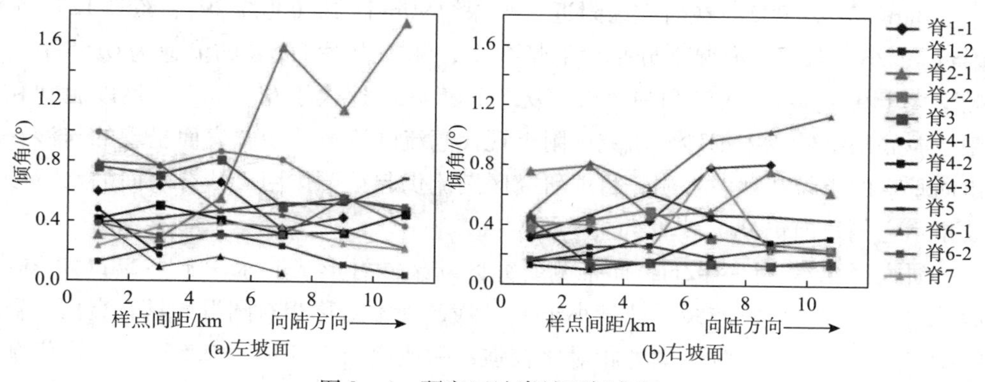

图 3－4 研究区沙脊坡面倾角图

第三节 陆架沙脊成因分析

东海陆架海底所保留的沙脊体系形成于海进时期还是海退时期尚存在争议（杨文达，2002；Berne 等，2002）。冰后期海进时期，东海陆架海底发育了世界上罕见的陆架沙脊体系（Berne 等，2002）。而杨文达（2002）认为，现今东海海底的脊状地形是海退时期河口湾和三角洲遭受侵蚀形成的。东海陆架确实存在侵蚀沙脊，但更多的是侵蚀－堆积型和堆积型沙脊（刘振夏和夏东兴，2004）。冰后期海侵是东海潮流沙脊的主要建造时期，当海面缓慢上升或相对稳定时，在河口或滨外区形成最初的潮流沙脊，在海面继续上升阶段，海底物质在潮流动力作用下，经历了侵蚀、搬运和再沉积过程，不仅物质重新分配，地形形态也不断调整，沙脊逐渐失去了初始形成时的特征，而演变为与潮流动力平衡的开阔陆架沙脊。

沙脊发育与水深变化、物源供给及沉积动力有关，水深变化决定沙脊的发育和终止时间，沉积动力塑造了沙脊的线状外形，而充足的物源是沙脊得以发育和埋藏的基础（吴自银等，2010）。Snedden 和 Dalrymple（1999）考虑沙脊的迁移和发育程度，将沙脊分为雏形沙脊、部分发育沙脊和完全发育沙脊。刘振夏和夏东兴[18]依据沙脊的结构特征将东海潮流沙脊分为：堆积沙脊、侵蚀－堆积沙脊以及侵蚀沙脊；而依据沙脊的活动性和埋藏状况分为：活动沙脊、衰亡沙脊和埋藏沙脊。

根据 Huthnance（1982）关于沙脊的间距大约是水深的 250 倍的关系，研究区内陆架沙脊的脊间距为 3～14.5km，推测沙脊形成在 12～58m 水深的浅海环境中。Berne 等（2002）在研究区附近、水深约 90m 区域（北纬 29°、东经 125°15′附近），小潮期间，海况十分平静的情况下，测得海底 1m 处的流速为 0.55m/s，椭率大于 0.4。若在大潮和强风浪海况下，近底流速大于 0.55m/s，足以启动和搬运海底的细砂或中细砂。研究区附近现代潮流的流速及沙脊表面呈现的与沙脊走向垂直的条带状沙波表明，目前研究区潮流仍起重要作用。沙脊表面的水下沙波指示它们目前仍处于活动期。

研究区水深 75～102m，而推测研究区陆架沙脊形成时水深 12～58m。一方面，研究区沙脊两翼较缓，坡度小于 1°，横剖面不对称相对圆滑，具有衰亡沙脊的特点。另一方面，潮流动力相对比较强，一般底层流速超过 0.55m/s，现代潮流和波浪对沙脊仍然改造和维持，沙脊表面发育沙波地形（图 3－2），又具有活动沙脊的部分特点。

第四节　沙脊演化

研究区沙脊形成时水深 12～58m，冰后期海平面快速上升至现在的 70～100m，研究区沙脊基本未被现代沉积物覆盖，沙脊横剖面不对称，平缓圆滑，坡角在 0.1°～1°，陡坡最大坡角为 1.7°。另外，研究区海底潮流速度足以启动和搬运海底的细砂或中细砂的能力，沙脊表面呈现的与潮流方向垂直的沙波指示了现代潮流对沙脊的改造和再搬运作用，研究区沙脊处于活动沙脊和衰亡沙脊之间的过渡阶段。

一、典型沙脊剖面特征

1. 陆架沙脊 2

研究区陆架沙脊 2 体系由沙脊 3－1 和沙脊 3－2 交叉组合而成（图 3－2，图 3－5）。由西北向东南方向，沙脊 3－1 由 21m 逐渐减薄至 10m。沙脊左坡面倾角由 1.2°～1.7° 逐渐衰减为 0.3°～0.6°（图 3－4）。该沙脊左坡面近岸线部分较陡，向外陆架一侧转缓，脊 2 体系逐渐分成脊 3－1 和与脊 3－2（图 3－5）。沙脊 3－1 展现了衰亡沙脊的特点。脊 3－2 在研究区内整体稳定，剖面形态不对称，左坡面较陡、右坡面较缓。沿西南向西北方向，脊 3－2 陡坡面（左）坡度有逐渐减低趋势［图 3－4（a）］，沙脊高度逐渐降低。脊 3－2 介于活动沙脊和衰亡沙脊的过渡阶段。

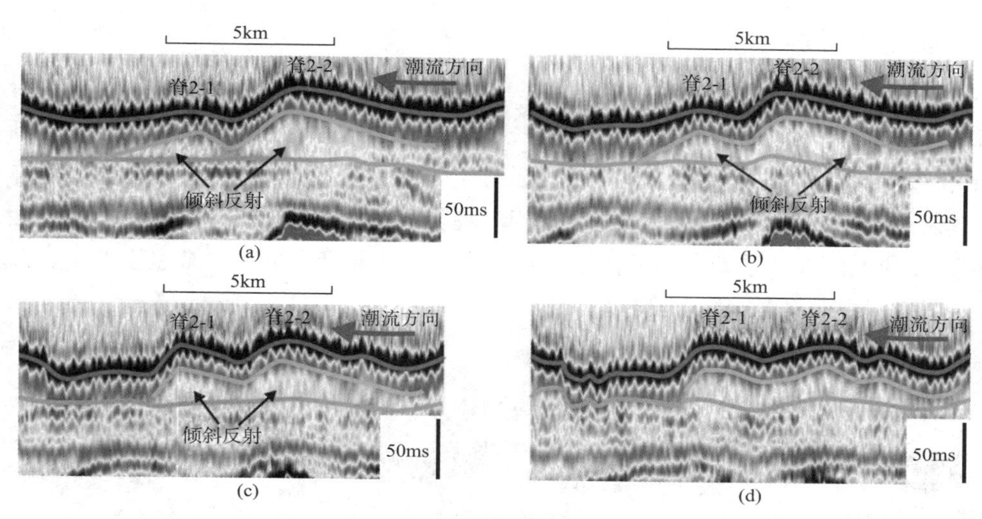

图 3－5　研究区陆架沙脊 2 典型横剖面

2. 陆架沙脊 3

沙脊 3 在研究区相对稳定，由单一沙脊组成。沙脊剖面左右不对称，左侧陡，右侧缓（图 3－6）。沙脊宽度 6.5～7.6km。沙脊陡坡（左）与沙脊轴面基本平行，无明显的横向迁移特征。由 SE～NW 方向，沙脊左、右坡面的坡度均逐渐减小（图 3－4），沙脊高度也逐渐降低，应介于活动沙脊和衰亡沙脊的过渡阶段。

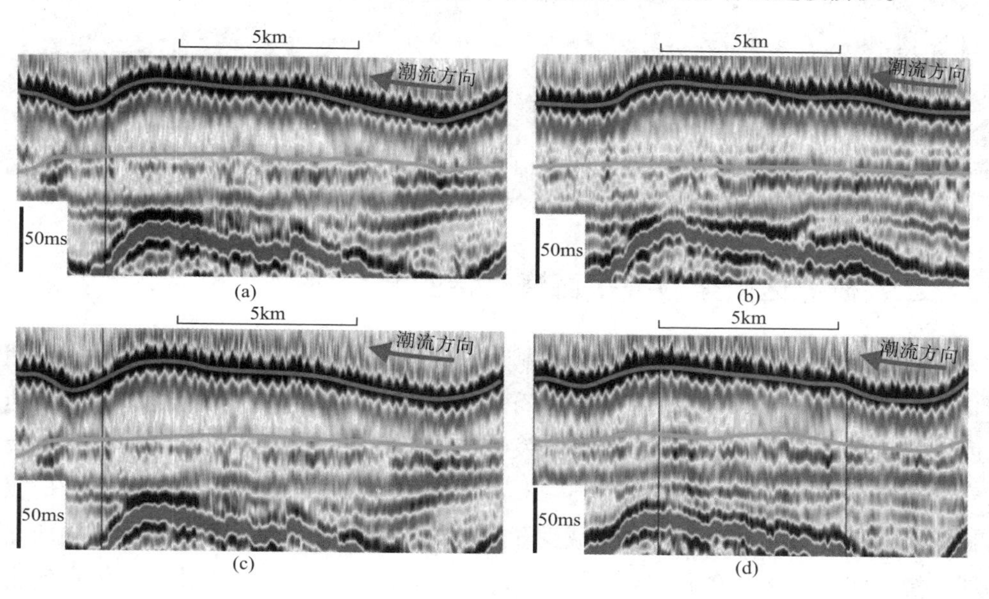

图 3－6　研究区陆架沙脊 3 典型横剖面

3. 陆架沙脊 4

研究区沙脊 4 沉积体系由脊 4 –1、脊 4 –2 和脊 4 –3 合并、分叉而成。脊 4 –1向陆方向不同横剖面显示，脊 4 –1 的坡面由左陡右缓［图 3 –7（a）］逐渐演化成左缓右陡［图 3 –7（b）］，直至消亡［图 3 –7（c）］。脊 4 –2 坡面整体较缓，坡面坡度小于 0.6°，其左坡面相对较陡（图 3 –4）。脊 4 –3 与脊 3 –1 相类似，研究区向外陆架方向，由于海水的升高，沙脊衰亡早，沙脊宽度变窄，高度降低［图 3 –7（c）、图 3 –7（d）］。

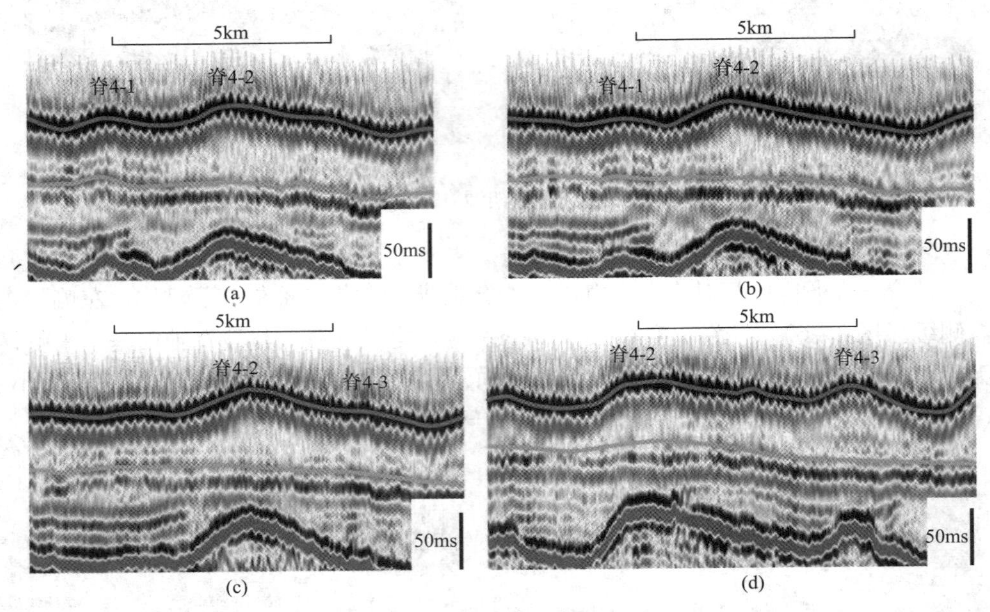

图 3 –7　研究区陆架沙脊 4 典型横剖面

二、研究区陆架沙脊平面演化特征

基于三维地震数据的空间优势，利用切片技术对研究区第四系陆架沙脊的演化进行了研究（图 3 –8）。由不同时间的切片，推测初期海平面、近海底潮流速度以及物源供给等因素适宜陆架沙脊发育，沙脊宽度较大，脊 2 和脊 3 体系以及脊 5 和脊 6 体系连接在一起［图 3 –8（a）］。冰消期末期，随着海平面的升高、长江口向陆迁移，陆缘物质供给减少等因素的影响，研究区 7 条沙脊体系逐渐显现，脊 1 体系演化为脊 1 –1 和脊 1 –2，脊 2 体系、脊 4 体系以及脊 6 体系转变成脊 3 –1、脊 3 –2、脊 4 –1、脊 4 –2、脊 4 –3、脊 6 –1 和脊 6 –2［图 3 –

8（b）~图3-8（f）]。脊3-1、脊4-1、脊4-3和脊7向海一侧，随着海平面的升高、强波浪及潮流的重新搬运和塑造作用，沙脊逐渐降低直至消亡（图3-8）。

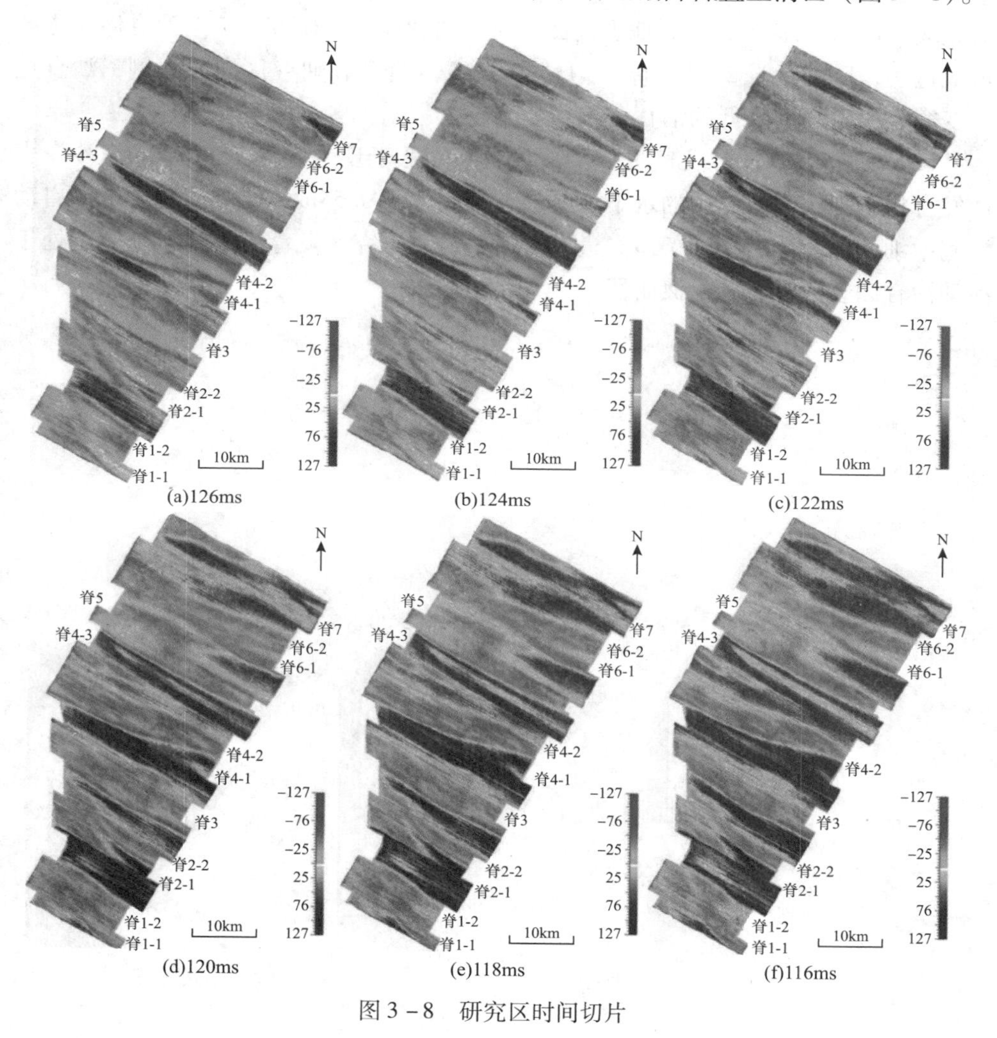

图3-8　研究区时间切片

第五节　小　　结

（1）研究区陆架海底呈现槽脊相间地形特征，发育7条NW-SE向陆架沙脊体系，沙脊表面发育NE-SW向沙波体系。在研究区内，脊1、脊2、脊4和脊6表现为2~3条沙脊交叉或合并而成的沙脊体系，而脊3、脊5和脊7呈现为独立沙脊体系。

（2）线状陆架沙脊横剖面左右不对称，宽2～11km，脊高3～31m，坡面相对较缓，倾角大多小于1°。地震剖面和时间切片展示了研究区7条沙脊体系逐渐形成过程，并揭示脊2－1、脊4－1、脊4－3和脊7在研究区向海一侧，沙脊宽度变窄、沙脊高度降低的消亡过程。

（3）研究区沙脊形成时期的水深12～58m低于现今水深75～102m。沙脊表面发育指示现今水流作用的水下沙波。近海底大于0.55m/s的潮流速度足以启动海底中细沙，对冰后期陆架沙脊进行重新塑造。研究区发育的7条沙脊体系处于活动沙脊和衰亡沙脊的过渡阶段。

第四章　东海西湖凹陷始新统复合潮汐水道的三维地震表征

潮汐水道由往复更替的涨潮流、退潮流作用而成，是潮汐沉积体系重要组成部分。现代潮汐水道的分类、沉积动力、地貌形态一直是国内外海洋地质学家研究的热点（Hibma 等，2004；Eisma，1998；Hughes，2011）。Eisma 研究了河口湾、障壁体系、广海潮坪和沼泽等多尺度潮间带的潮汐水道，识别出 10 种潮汐水道，并归纳为 3 大类（Eisma，1998）。Hibma 等基于整个河口湾体系的研究，认为潮坪和盐沼环境一般发育树枝状潮道网格，而水体较深的潮下带发育沙洲分割的弯曲辫状水道（Hibma 等，2004）。河口湾内相对顺直水道部分发育涨潮－退潮水道复合体系，退潮水道一般充分形成，而涨潮水道继续演化或穿过沙洲形成涨潮羽支（flood barb）(Hibma 等，2004）。河流点坝的形态和动力学机制研究比较充分，对潮汐水道点坝的研究相对较少（Eisma，1998；Hughes，2011；Parker 等，2010）。Eisma 利用河流体系的 3 个衍生理论来解释潮汐水道弯曲带和点坝的形成（Eisma，1998）。Hughes 根据形态和水道曲率半径与水道宽度的比值对潮汐点坝进行了分类（Hughes，2011）。相对于现代潮汐水道的研究，古潮汐水道的研究程度相对较低。由于古潮汐沉积体系的保存、缺少识别潮汐沉积的明确标志以及 Irwin 所提出的大部分广阔古陆缘海无潮汐作用的论断在一定程度上阻遏了现代潮汐沉积的研究成果向古潮汐沉积的推广。Visser 将潮束定为潮汐沉积的识别标志（Visser，1980），并推动古潮汐沉积在世界范围内的广泛识别（陈琳琳，2000；邓宏文和郑文波，2002；黄迺和和潘永信，1992；赵宗举等，2009；Higgs，2002；Shanmugam 等，2000）。但大多数古潮汐水道研究仅基于露头和钻井资料，仅获取的古潮汐水道断面和井点信息。随着厄瓜多尔 Oriente 盆地、美国 Powder River 盆地和中国东海盆地等潮汐成因砂岩油气藏的发现，古潮汐水道作为良好油气储层日益收到广泛关注（蔡华，2013；陈诗望等，2012；陈琳琳，2000；Higgs，2002；Shanmugam 等，2000）。因此，在勘探程度低、钻井资料较少的地区，利用三维地震数据开展古潮汐水道的沉积构型、展布和演化的三维空间研究对潮道砂岩储层的预测和评价具有重要的意义。因此，需要将现代潮汐水道研究成果推广到古潮汐水道的研究中，开展地震尺度的潮汐水道的沉积构型及空间展布的研究。本文基于西湖凹陷平北地区 X 井区的岩心、录井、测井及三维地震数据，对始新统平湖组所发育的复合潮汐水道的外部形态、内部结构、空间展布及其演化进行精细表征，为古潮道砂岩储层的识别和地震预测提供理论依据。

第一节　区域地质背景及资料情况

西湖凹陷西部、西南部为海礁隆起、渔山东隆，北部为虎皮礁隆起与福江凹陷相望，东部为钓鱼岛隆褶带（图 4－1）。西湖凹陷平湖组为海陆过渡相，受潮汐影响的半封闭海湾沉积环境（蔡华，2013；陈琳琳，2000；武法东等，2000；武法东等，1998；张建培等，2012）。古新世末期西湖凹陷由断陷向坳陷转化。始新世早期，沉积物仍受到断层的控制，但始新世中、晚期，断层的控制作用逐渐减弱，海水由南往北频繁地侵入西湖凹陷（武法东，2000）。由于西湖凹陷东、西、北三面受隆起和一系列岛屿的阻挡作用，西湖凹陷形成了一种海陆过渡的半封闭海湾沉积环境（图 4－1）。

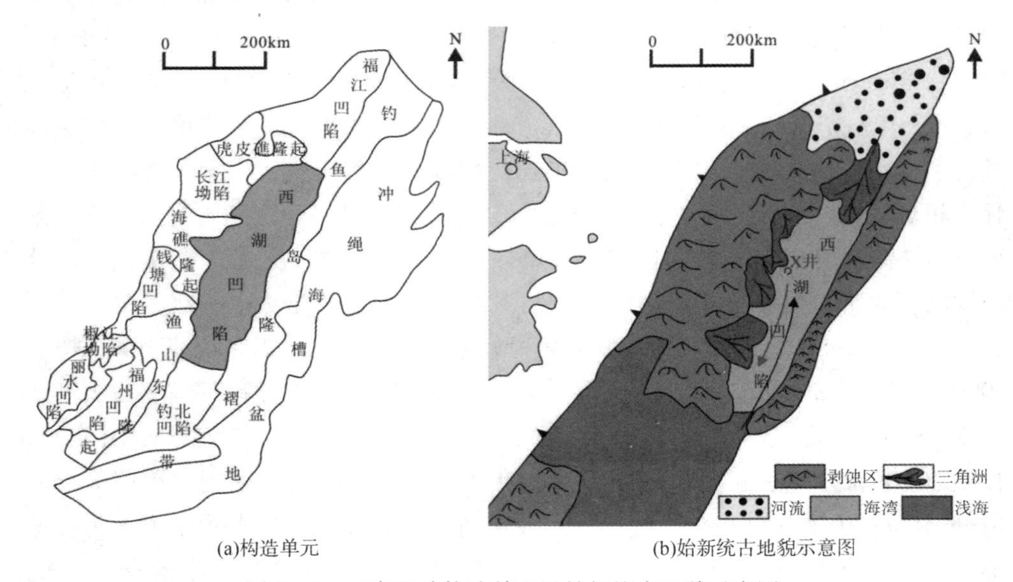

(a)构造单元　　(b)始新统古地貌示意图

图 4－1　西湖凹陷构造单元及始新统古地貌示意图
（据蔡华，2013；武法东等，2000；武法东等，1998 修改）

本书以西湖凹陷斜坡带平湖油气田以北、面积20km²的X井区为研究区。研究区拥有2个主频分别为30Hz、50Hz三维叠偏地震数据体（In line×X line间隔25m×12.5m）。目的层平湖组的平均速度约4000m/s，50Hz主频三维地震数据的垂向分辨率约10～20m，而30Hz主频地震数据的垂向分辨率约17～33m。西湖凹陷斜坡带平湖组水道砂体发育，但单一水道砂的厚度往往小于10m。目前，所采集的地震数据很难直接分辨单一水道砂体。X井始新统平湖组4290～4395m层段发育的复合水道砂岩，厚度大、有一定规模，由8期水道垂向叠置，地震数据可分辨（图4-2）。本文基于X井的测井、录井以及X井的临井岩心资料，利用Landmark软件开展精细层位标定和解释。利用GeoGraphix Seismic Modeling软件开展X井复合水道的地震正演模拟。并以地震正演模拟和激浪带冲沟演化观测结果为指导，开展复合水道沉积构型的三维地震空间表征。

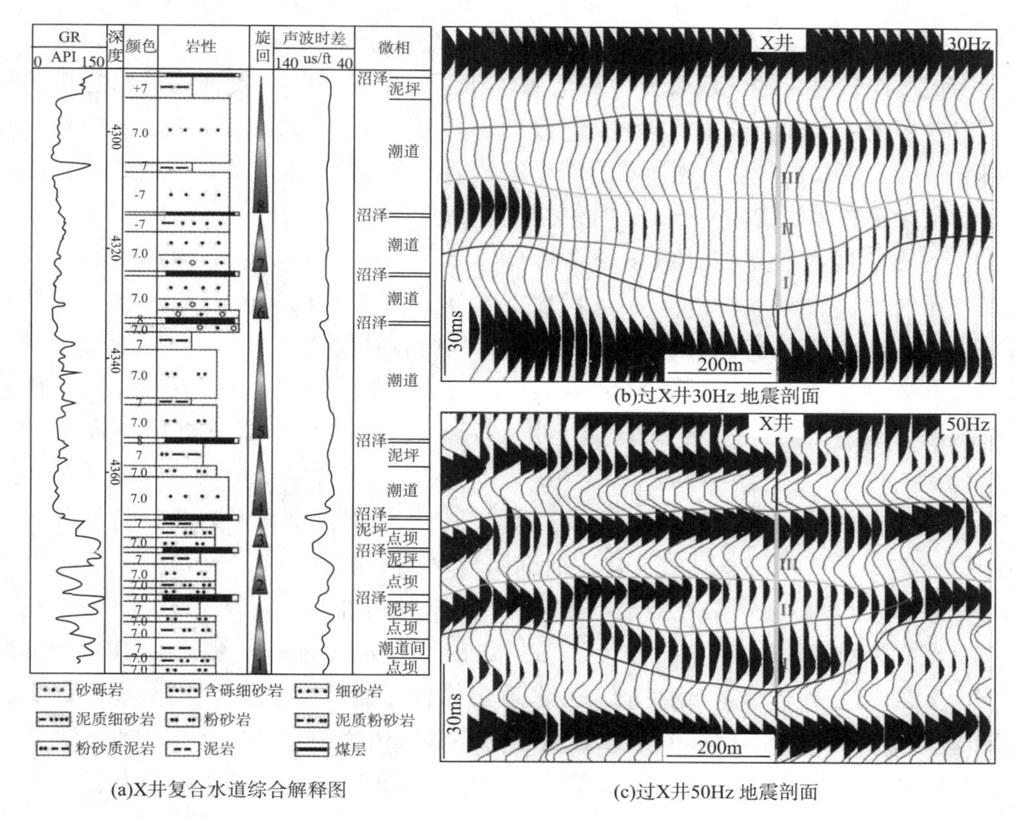

(a)X井复合水道综合解释图

(b)过X井30Hz地震剖面

(c)过X井50Hz地震剖面

图4-2 X井复合水道钻井、测井及地震特征

第二节　复合水道的识别

一、复合水道的钻测井及地震剖面特征

西湖凹陷平北地区 X 井区平湖组发育厚达 82m 的复合水道砂岩［图 4－2（a）］。录井和测井数据揭示了 8 套煤层，煤层厚度 0.5～1m，具有厚度薄、层数多的特点。煤层与下伏水道砂岩构成 8 套沉积旋回，表现为：底部水道滞留沉积的砂砾岩，向上变为点坝沉积的细砂岩、粉砂岩，顶部为泥坪和沼泽形成的煤层；下部为点坝沉积的细砂岩、粉砂岩，顶部为泥坪和沼泽形成的煤层［图 4－1（a）］。1～3 旋回内的点坝沉积以灰白色泥质胶结致密粉砂岩和浅灰色含灰质致密泥质粉砂岩为主，顶部为深灰色泥岩和黑色煤层。4～8 旋回内的水道沉积则以次棱角－次圆状分选差的浅灰色砂砾岩、次棱角－次圆状分选差的灰白色含砾细砂岩，以及次棱角－次圆状分选中等的细砂岩为主。泥坪泥岩厚度 2～5m 不等。最小单砂体厚度 2m，最大单砂体厚度 11m。

1～3 旋回内的点坝沉积表现为低 GR、低声波时差，而煤层表现为高 GR、高声波时差［图 4－2（a）］，该套地层整体表现为砂泥岩薄互层、含砂率低（31%）。4～8 旋回整体表现为箱状低 GR、低声波时差特征，而 5 旋回顶部的煤层具有高声波时差，将 4～5 和 6～8 旋回划分为上下两部分［图 4－2（a）］，两套地层均具有厚层、高含砂率（分别为 72%、81%）、内部波阻抗差异小的特征。

过 X 井 30Hz 和 50Hz 地震剖面显示，复合水道地震剖面具有 3 期特征［图 4－2（b）、图 4－2（c）］。录井 8 期旋回与地震 3 期旋回大致对应关系为（图 4－2）：1、2 和 3 旋回对应地震Ⅰ段，4、5 对应地震Ⅱ段，6、7 和 8 旋回对应地震Ⅲ段。相对细粒、粉砂－泥岩互层的 1、2、3 旋回（地震Ⅰ段）在 30Hz 地震剖面上表现为不对称 U 形特征，由水道边缘向水道内部振幅逐渐减弱。而在 50Hz 地震剖面上，不对称 U 形水道特征更明显，由水道边缘向水道内部振幅逐渐减弱并出现复波特征。厚层的细砂和粉砂组成的 4、5 旋回（地震Ⅱ段）在 30Hz 地震剖面上表现为弱反射或无反射，而在 50Hz 地震剖面上近似对应一个完整的波形，由水道边缘向水道中心，地震反射由波峰转变为 1 个波形，且振幅有减弱趋势。高含砂率的砂砾岩－细砂岩 6、7 和 8 旋回（地震Ⅲ段）在 30Hz 地震

剖面上水道顶部呈透镜状反射，而 50Hz 地震剖面上近似为一个完整的波形，由缓坡向陡坡波长增大，呈不对称 U 形地震反射特征。

二、复合水道地震正演模拟

根据 X 井的录井、测井以及过 X 井地震剖面特征，利用 GeoGraphix Seismic Modeling 软件建立二维复合水道模型［图 4－3（a）］，并分别利用 30Hz 和 50Hz 雷克子波进行正演模拟。模拟结果显示，厚度小于 1 个波长的水道，地震响应上无明显的构型变化，主要体现在地震结构信息（振幅和频率）［图 4－3（b）、图 4－3（c）］。厚层的、大于 1 个波长的水道其地震响应具有明显的构型特征（U）形特征，由水道壁向水道中心，振幅能量减弱、频率增高，波形具有复波特征。因此，可以利用复合水道的振幅属性、频率（相位）属性以及波形差异等对复合水道进行三维地震表征。

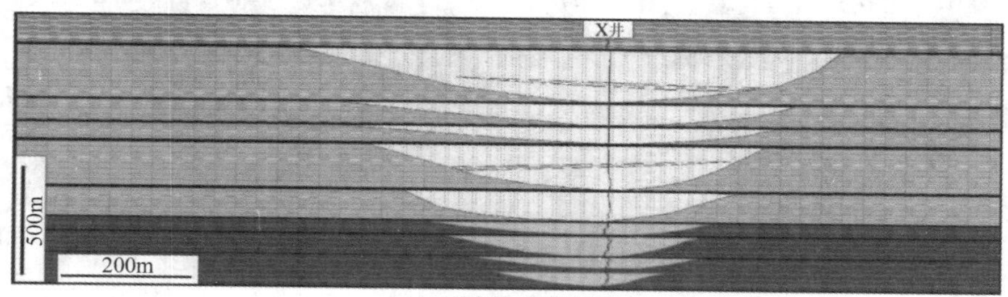

(a)二维复合水道模型

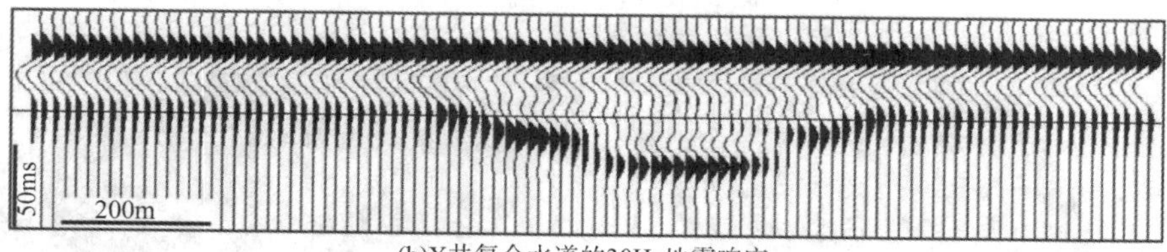

(b)X井复合水道的30Hz地震响应

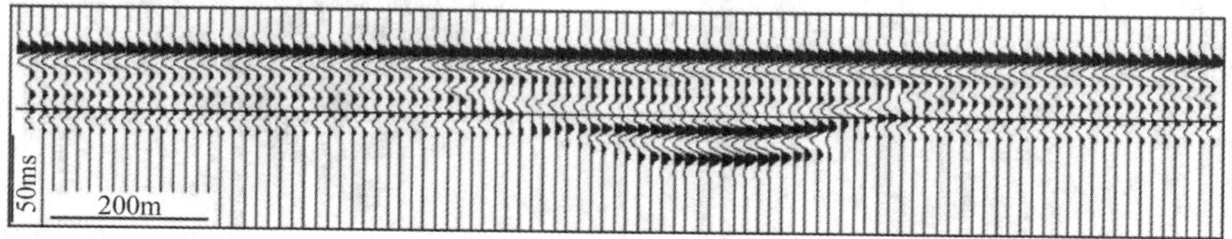

(c)X井复合水道的50Hz地震响应

图 4－3　X 井复合水道二维地震正演模拟

三、复合水道空间表征

在复合水道地震正演模拟的指导下，结合钻测井信息、地震振幅、频率、波形差异等特征，对X井平湖组发育的复合水道开展剖面和平面展布研究。过X井的地震剖面见U形特征［图4－2（b）、图4－2（c）］。振幅由水道边缘向水

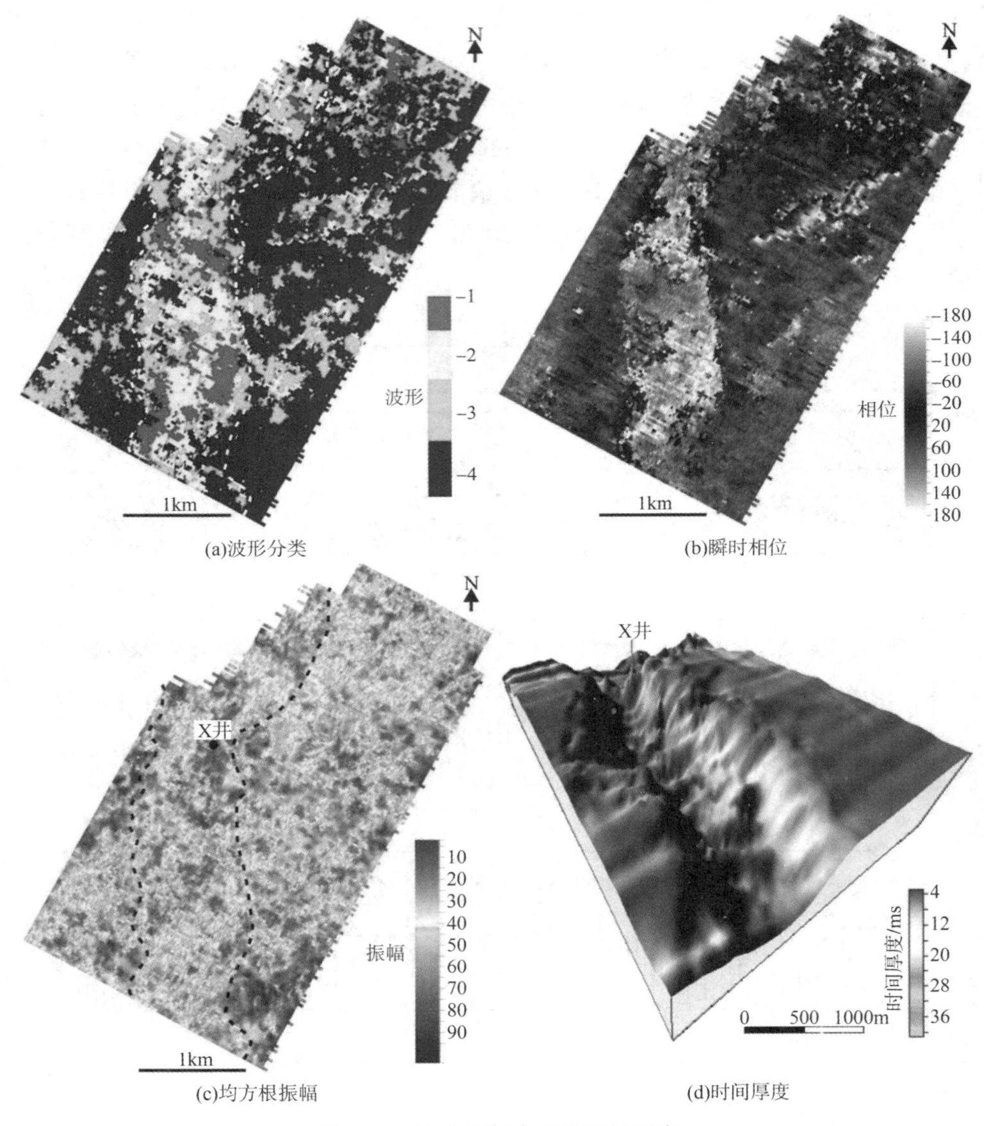

(a)波形分类　(b)瞬时相位　(c)均方根振幅　(d)时间厚度

图4－4　X井区复合水道空间展布

道中心逐渐减弱，频率增大，波形由单一波峰逐渐转换成复波。水道顶部地震界面向下 30ms 时窗内提取波形分类、瞬时相位、均方根振幅属性［图4－4（a）、图4－4（b）、图4－4（c）］。地震属性和复合水道顶底时间厚度揭示该复合水道平面展布和几何特征（图4－4）。在X井区，复合水道呈北西向展布，与西湖凹陷的走向近似一致，水道宽500～1000m，单一水道深度2～10m。

第三节 复合水道的成因及演化

一、复合水道的成因探讨

X井平湖组测井、录井和地震资料所揭示的复合水道，由于无岩心数据，缺少指示沉积环境的直接证据。尽管对于西湖凹陷平湖组沉积体系组成和展布的认识尚有争议（杨彩虹等，2013），但大多数观点认为平湖组为受潮汐影响三角洲和半封闭海湾潮坪环境，沉积类型以三角洲分流河道和潮道砂体为主（蔡华，2013；陈琳琳，2000；张建培等，2012）。X井东南方向、4.6km处的邻井平湖组4344.3～4345.8m和4346.5～4349.0m岩心揭示2套分别为1.5m和2.5m厚的水道砂体［图4－5（a）］。由于单一水道厚度和二者的叠置厚度均达不到地震数据的分辨厚度，在地震上无明显异常。但两段岩心揭示了两套砂体的潮汐水道成因：底部具有冲刷面、正粒序或块状层理，压扁层理、羽状交错层理以及潮束等沉积构造发育［图4－5（a）］。因此，推测X井平湖组复合水道为8期潮汐水道垂向叠置的结果。

二、复合水道的演化

X井平湖组复合水道由8期潮汐点坝－泥坪－沼泽煤层或潮汐水道－潮汐点坝－泥坪－沼泽煤层旋回组成［图4－5（b）］。单一旋回自下而上，底部以砂砾岩或含砾细砂岩粗粒沉积为主，向上逐渐变细过渡为深灰色泥岩、黑色煤层［图4－5（b）］。每一期旋回反映了海水逐渐由深变浅、由高能环境向低能环境转变的过程。复合水道下部的1、2、3旋回主要钻遇潮汐水道的点坝，而主潮汐水道位于钻井的东部［图4－5（b）、图4－5（c）］。旋回1内的2m和3m粉砂岩推测是同一潮汐水道横向迁移而成的点坝沉积［图4－5（b）］。而4、5旋回主潮汐水道向西迁移［图4－5（b）、图4－5（d）］。5旋回底部6m和9m粉砂岩也应为同一潮汐水道横向迁移而成的点坝沉积，而顶部 1.5m 砂砾岩应是同一时期发育的另外一条潮汐水道底部滞留沉积［图 4－5（b）］。6、7、8 旋回主潮汐水道向东迁移，X 井钻遇主潮汐水道，以砂砾岩、细砂岩为主［图 4－5（b）、图 4－5（e）］。

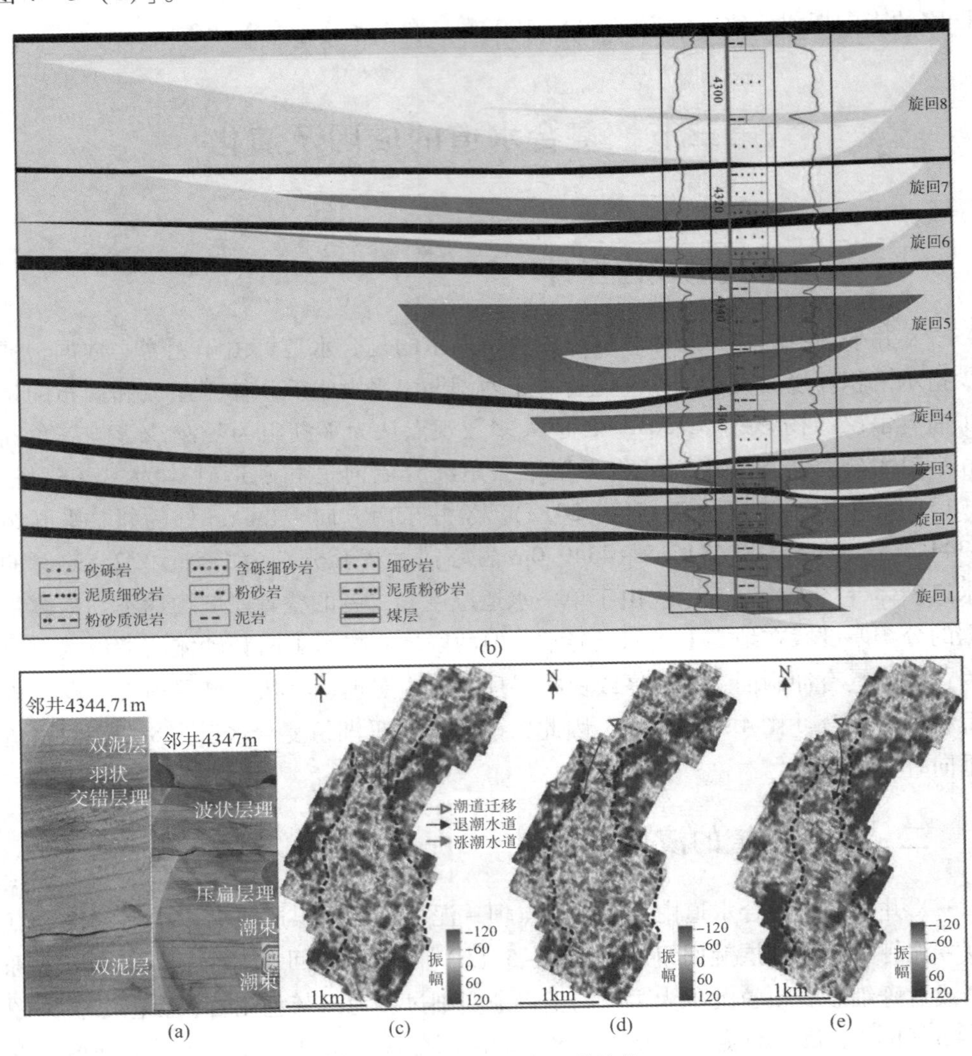

图 4－5　X 井复合潮道演化

潮汐水道由双向潮流作用而成，在潮下带、潮间带均有分布。由潮下带向潮间带，潮汐水道逐渐演化为潮沟和沼泽，其水道宽度一般逐渐变窄。反复的涨潮和退潮流作用，致使潮汐水道横向发生迁移，在弯曲带形成点坝沉积。主潮流水道一般由分选较差的砾石或砂砾岩沉积组成，而点坝则由细砂岩和粉砂岩组成（图4-6）。岩心往往见波状层理、双泥层和潮束等潮汐作用沉积构造，横向迁移、垂向叠置的点坝在重力作用下有时发生滑塌，在一些岩心上可见阶梯状断裂、旋转和揉皱变形的滑塌构造（图4-6）。浅水和低能环境潮上泥坪沉积和沼泽发育的煤岩一般位于一套沉积旋回的顶部。

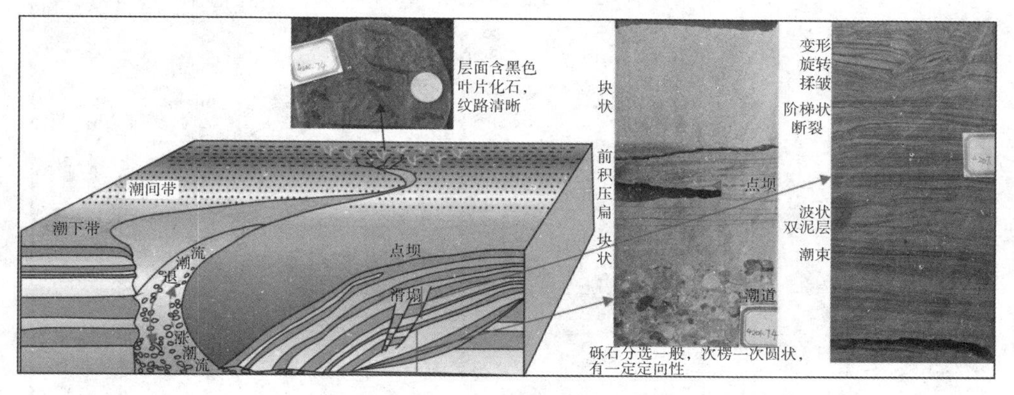

图4-6 潮汐水道弯曲带/点坝迁移模式图（据 Hughes，2011 修改）

三、现代冲沟演化观测

潮汐水道双向流与曲流河单向流的沉积动力机制存在明显的差异，往返潮流能否使潮汐水道发生侧向迁移，并在凸岸形成与曲流河类似的点坝沉积？国外学者在现代弯曲潮道带内观察到类似曲流河点坝沉积（Eisma，1998；Hughes，2011），但这些弯曲潮道及点坝的形成过程尚不清楚。因此，需要对潮汐水道的沉积作用过程进行观测研究。然而，位于潮下带和潮间带的潮汐水道由于潮流的反复作用以及潮汐周期等因素，对其沉积作用过程的连续观察有一定的困难。因此，选择观察激浪带冲沟的演化过程来推测弯曲潮道和点坝的形成过程。波浪到达海岸浅水区破浪点时，波浪破碎产生海水水体迎岸坡向上运动的水流被称为激浪流（张希聪和吴祁贤，1996）。每一次激浪流的发生，均存在沿岸坡向上的进流和向下的回流。本次研究主要观测往返的进流和回流对激浪带冲沟的侵蚀沉积作用过程。观测点位于三亚湾海滩激浪带（观测时间 2014 年 1 月 26 日下午约 4：10~4：40），坡度4°~7°，以细沙和粉沙沉积为主。在激浪带内，挖 1 面积约 900cm^2、深 20cm 的水池。堆积在水池向海一侧，由海水、细砂、粉砂和黏土组成的混合物在重力作用下沿海滩斜坡向下流动，对松软海滩侵蚀形成 1 相对较直的冲沟（与碎屑流侵蚀水道有一定的相似性），宽 2~10cm，深 1~5cm（图

4－7－G1）。波浪运动方向与海岸直交时，产生的进流沿海滩向上运动，并对冲沟陡岸一侧侵蚀，最终达到甚至漫过水池（图4－7－G2）。回流携带水池内的泥沙对冲沟陡岸进一步侵蚀，导致陡岸脊线迁移、弯曲（图4－7－G3）。水池内的

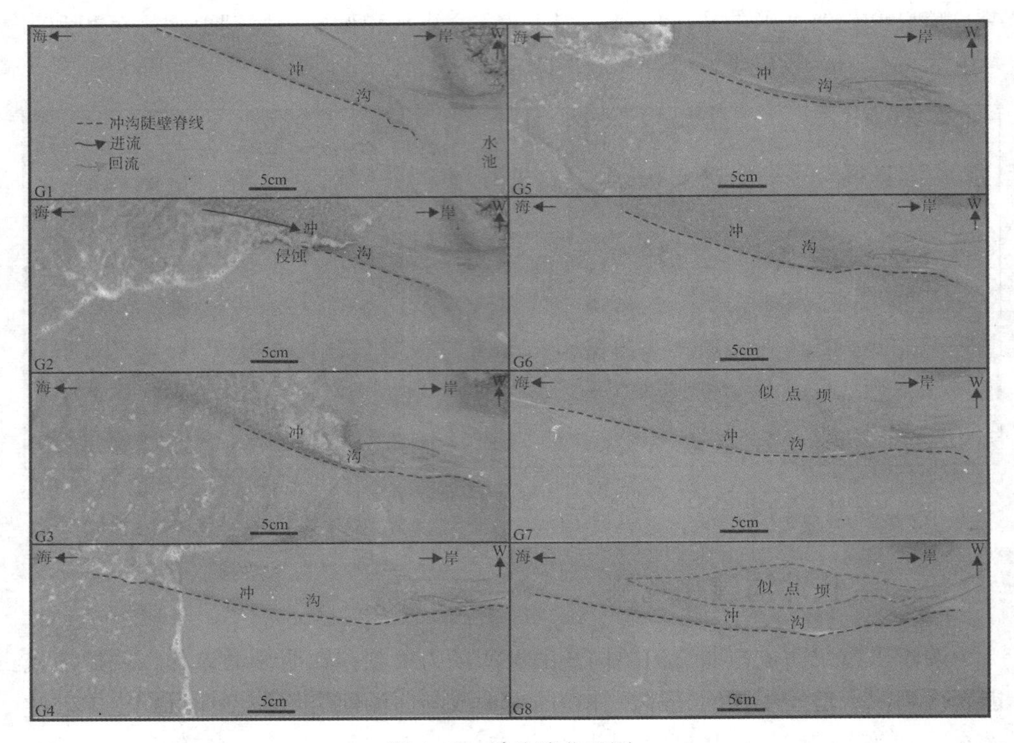

图4－7　冲沟演化观测

水流携带泥沙对冲沟陡岸持续侵蚀而在对岸沉积（图4－7－G4～图4－7－G7）。进流、回流以及水池内的水流往复作用，致使冲沟向陡岸持续迁移，外形类似曲流河，而在对岸形成类似点坝沉积（图4－7－G8）。其实回流贯穿每次激浪流全过程，只是回流在进流初期，回流的水质点集合体很小，不易观察，当进流运动末期，能量耗尽，回流形式显著。

上述观察结果表明，往返的进流和回流作用于冲沟，致使陡岸一侧迁移，脊线弯曲度越来越高，而对岸形成类似曲流河点坝沉积。冲沟可以看做是潮汐水道体系末端最小级别的潮道，根据分形理论，可以推测潮间带或潮下带大级别、大规模潮道的形成和演化过程与其类似。但由于激浪流、潮流和河流的沉积动力机制的差异，因此，冲沟、潮汐水道和曲流河形成的点坝沉积不仅在规模上存在差异，三者的内部结构、叠置样式之间的差异需要进一步研究。

第四节 小结

（1）X井平湖组测井和录井资料揭示复合潮汐水道由底部潮汐水道滞留沉积－点坝－泥坪－煤层或点坝－泥坪－煤层8期沉积旋回组成，单一沉积旋回自下而上水体逐渐变浅、由低能向高能、沉积物粒度由粗变细。

（2）复合潮汐水道在地震波形、振幅、频率上与周围围岩之间存在差异。复合潮汐水道左右不对称、主潮汐水道一侧较陡而点坝一侧较缓，高、低频地震剖面均呈不对称U形。低频剖面上，潮道内部呈弱反射或无反射地震特征，而高频剖面上，Ⅰ段（1～3旋回）在地震上呈波峰或复波特征，Ⅱ段（4、5旋回）复合潮道和Ⅲ段（6～8旋回）沉积厚度基本接近1个波长，均对应1个完整波形，且3段由缓坡向陡坡均表现为波长增大、频率降低特征。

（3）钻测井资料、激浪流对冲沟作用过程的观测以及地震正演模拟等揭示往复潮流对潮汐水道一侧侵蚀，另一侧沉积形成点坝。但关于潮汐点坝的内部结构和叠置样式及其与曲流河点坝的差异有待进一步研究。

（4）本文基于三维地震资料对古潮汐水道沉积构型进行研究，对类似沉积类型的研究有一定的借鉴作用。但由于研究区勘探程度低，X井复合水道段无岩心资料，文中对复合水道以及水道内微相的成因认识尚缺乏直接证据。仅仅依赖区域沉积环境分析，利用邻井岩心资料对X井和地震资料所揭示的埋深4300m左右、82m厚的复合水道的潮汐成因进行解释和推测。目前，国内外对潮汐水道沉积构型的研究程度相对较低，在岩心资料丰富、地震品质高的区域，应对潮汐水道的沉积构型进行精细表征。

第五章　Rio Muni 盆地第四纪陆坡地震地貌学

近年来，地震地貌学已广泛应用于深水水道、海底麻坑以及海底滑坡等海底地貌单元的研究（李磊等，2012；Cross 等，2009；Dunla 等，2010；Deptuck，2003；Posamentier 和 Kolla，2003；Sawyer，2007；Wood 和 Mize-Spansky，2009；Wood，2007）。纵观国内外地震地貌学的研究可知，地震地貌学是指利用地貌探测手段获得的地貌数据、三维地震数据及成像技术来开展地貌学的研究，主要研究盆地地表形态、结构、成因、演化和分布规律（Posamentier 和 Kolla，2003；Sawyer 等，2007；Wood，2007）。地震地貌学逐渐由最初的定性分析发展到了定量分析，更准确地表征了各种地貌单元的构型，研究其成因、分布与演化。目前，深水水道地貌的研究主要集中在深水水道的内部结构、外部形态、叠置样式等沉积构型的表征、演化及控制因素研究（李磊等，2012；刘新颖等，2012；Cross 等，2009；Dunlap 等，2010；Deptuck，2003；Gong 等，2013；Kolla 等，2001；Posamentier 和 Kolla，2003；Sun 等，2011；Wood 和 Mize-Spansky，2009；Wood，2007）。海底麻坑地貌已引起国内外学者广泛关注，对其形态、成因机制取得了一定的认识（李磊等，2013；罗敏等，2012；Brothers 等，2012；Ondeas 等，2005；Salmi 等，2011；Sultan 等，2010；Taviani 等，2013）。而对于弯曲条带状海底麻坑与古埋藏水道的关系、形成过程、与滑坡等地质现象的关系等方面的研究相对薄弱，将是海洋地质研究的目标之一（李磊等，2013）。

第四纪陆坡地貌遭受后期改造和破坏程度小，地震资料分辨率高，能够反映地貌的原始形态，便于研究。本文基于 Rio Muni 盆地第四纪陆坡 1400km^2 的三维地震数据（频带范围 2～120Hz，主频 45Hz）开展地震地貌学研究，分析陆坡地形特征，研究深水水道、麻坑及海底滑坡等陆坡地貌单元的成因、分布和演化过程，对深水储层预测及海底灾害预测具有一定的指导意义。

第一节 陆坡地形

研究区位于 Rio Muni 盆地南部深水区，海底地形具有东西分带，南北分区特点（图 5－1）。研究区由东向西，分别为陆架、上陆坡、中陆坡和下陆坡。陆架区水深小于 200m，地形较平缓，海底坡度小于 0.03°。陆坡区水深 200～1600m，上陆坡海底地形较陡，相对狭窄，其海底坡度大约为 0.15°～0.35°；中陆坡的坡度大约为 0.05°～0.15°；下陆坡临近深海盆地，其地形较缓，海底坡度大约为0°～0.05°（图 5－1）。南北区坡度低、中间区坡度高。北区的坡度大约为0°～0.02°，中间区的坡度大约为 0°～0.04°，南区坡度大约为0°～0.03°。

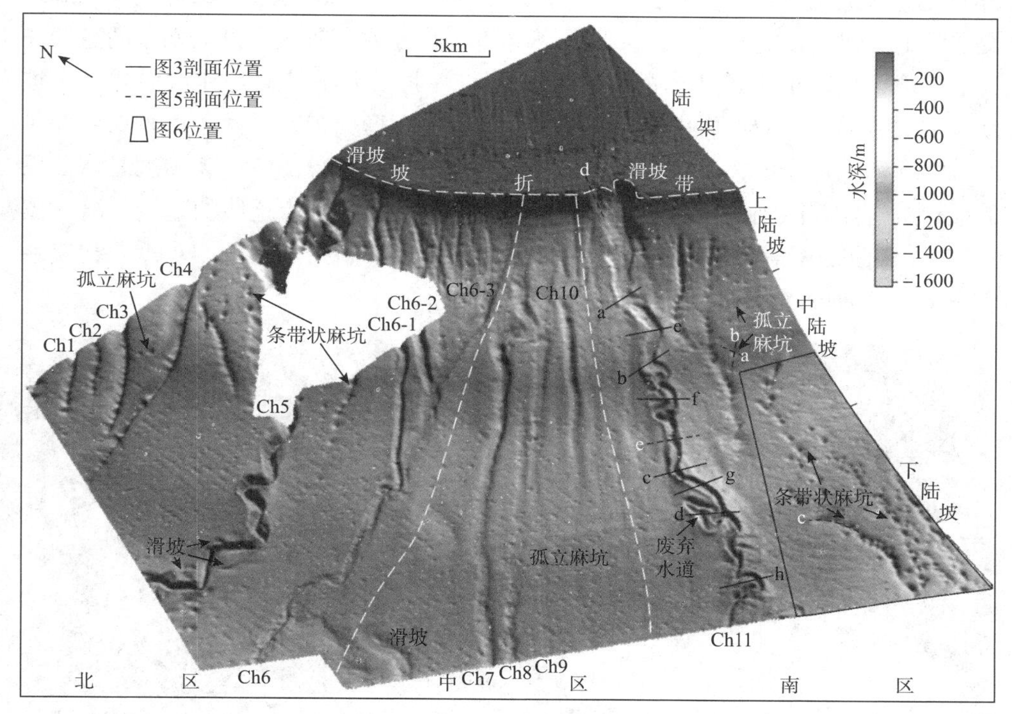

图 5－1 研究区海底地形图

第四纪陆坡发育水道、滑坡、麻坑海底地貌单元（图 5－1）。由上陆坡至下陆坡区，陆坡海底分布了大量条带状负地形（水道），铲状滑坡，圆形或椭圆形海底麻坑（图5－1）。条带状海底负地形弯曲度介于1～1.5之间，差别较大。

第二节　地貌单元

一、深水水道地貌

1. 研究区水道地貌参数表征

Wood和Mize-Spansky（Wood和Mize-Spansky，2009）对水道构型参数（水道宽度、水道深度、水道弯曲度、弯曲带宽、弯曲带长和弯曲弧高度）进行了定量研究。水道宽度是指左右堤岸脊之间的长度（图5－2）。水道深度是水道底到堤岸脊的相对高度［图5－2（b）］。水道弯曲度是水道轴线长度与水道的直线长度的比值，代表了水道弯曲的程度。水道的弯曲度大小可能与陆坡的岩性、坡度、重力流流速、粒度、供给量和持续时间有关。弯曲带宽是两条最外层弯曲带切线之间的测量宽度，反映了水道迁移的程度（图5－2）。弯曲弧高度是弯曲段的最外层弯曲界限到该弯曲段最大上倾拐点和最大下倾拐点连线的垂线距离（图5－2）。弯曲带长为两个相邻最大上倾拐点和最大下倾拐点间直线长度，代表一个完整的弯曲段（图5－2）。

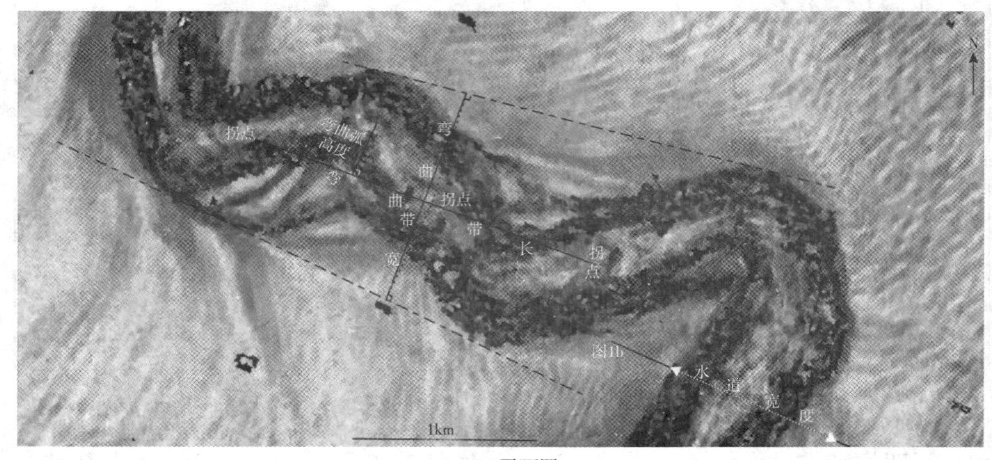

(a)Ch5平面图

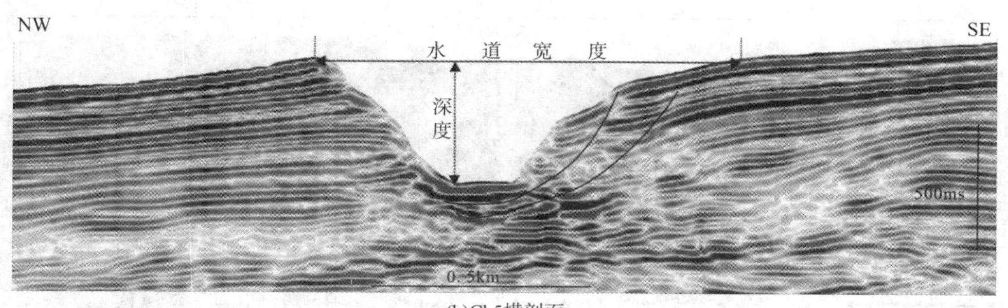

(b)Ch5横剖面

图5－2 水道地貌参数

2. 研究区水道地貌单元分类、分布及其构型表征

研究区第四纪陆坡发育11条深水水道（图5－1）。根据水道弯曲程度，研究区水道分为顺直水道（Ch1、CH2、Ch3、Ch4、Ch7、Ch8、Ch9和Ch10）和弯曲水道（Ch5、Ch6和Ch11）2类。顺直水道的弯曲度小于1.2，而弯曲水道的弯曲度大于等于1.2。弯曲水道Ch5、CH6分布在北区，Ch11分布在南区，中区则主要发育顺直水道。上陆坡水道较发育，且多为顺直水道（图5－1）。中陆坡，发育于上陆坡的水道交汇成一条水道（Ch1～Ch3交汇于Ch4形成一条水道，Ch6－1、Ch6－2、Ch6－3和它们之间的多条小型顺直水道交汇成Ch6）。下陆坡，由于重力流供给减少，流速降低，侵蚀能力减弱，部分水道的深度逐渐减小，甚至消亡（Ch6～Ch10）。

1）弯曲水道

由上陆坡至下陆坡，Ch11的横剖面显示，水道呈V或U形特征（图5－3）。中－上陆坡，坡度较陡，重力流流速大，对海底侵蚀能力强。重力流对水道外弯带不断侵蚀，导致水道壁较陡［图5－3（a）、图5－3（b）、图5－3（e）和图5－3（f）］。下陆坡，海底坡度变缓，重力流流速减小，侵蚀能力减弱，水道底部相对平缓，剖面呈U形特征［图5－3（c）、图5－3（d）、图5－3（g）和图5－3（h）］。与曲流河牵引流作用相类似，深水重力流也具有截弯取直作用，早期高弯曲带被废弃，形成废弃水道带［图5－1、图5－3（d）］。外弯带的水道壁倾角大，堤岸窄，堤岸锥度大，而内弯带水道壁倾角小，堤岸较宽，锥度小。弯曲水道中的重力流对外弯带有较强的冲蚀作用，而对内弯带的作用力较小。外弯带不断地被冲蚀而变得陡而窄，而重力流在内弯带不断沉积从而使其变得宽缓。

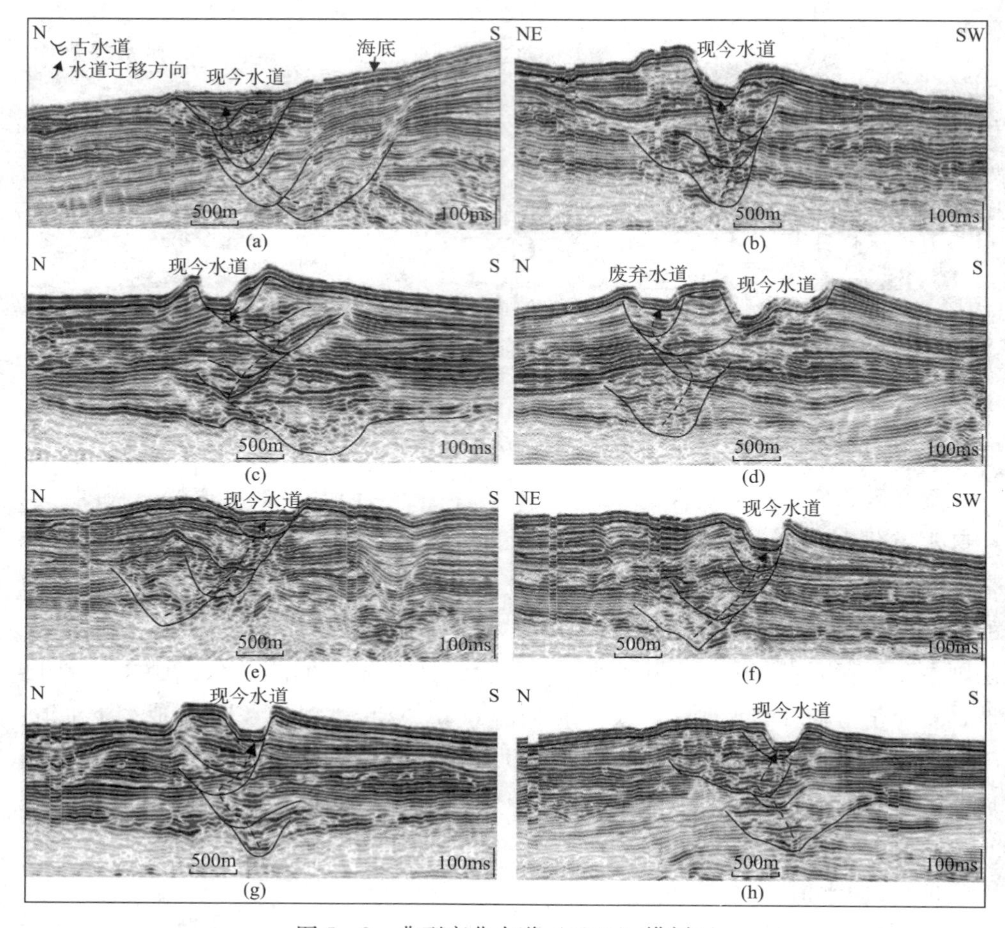

图 5-3　典型弯曲水道（Ch11）横剖面

对研究区典型弯曲水道（Ch6 和 Ch11）构型参数定量分析可知［图 5-4（a）~图 5-4（e）］，水道的弯曲弧长与弯曲带长成正比关系，弯曲弧长越长，弯曲带长也越长，而且随坡度的减小，弯曲弧长与弯曲带长都有减小的趋势。弯曲度随坡度的减小而有增大的趋势。上陆坡，水道的宽深比与弯曲度整体呈反比关系。在中-下陆坡，水道的宽深比与弯曲度成正比关系，弯曲度越大，宽深比越大。

研究区水道的弯曲度与海底的坡度、重力流供给和持续时间密切相关。弯曲水道（Ch5、Ch6 和 Ch11）具有高弯曲度、低宽深比的特征，且均发育于陆架坡折（图 5-1）。上陆坡海底垮塌或陆架三角洲河流输送的物质不断供给形成的持续重力流可能是中-下陆坡水道壁垮塌、水道弯曲度增大甚至废弃的重要原因之一。

2）顺直水道

研究区顺直水道较发育，南北中三区均发育（图5－1）。上陆坡，重力流流速大，侵蚀能力强，以顺直水道为主。重力流供给持续时间长的水道在中－下陆坡逐渐转化为弯曲水道。起始于上陆坡中部的顺直水道（Ch7～Ch10）（图5－1）由于缺少长期得物源供给，由上陆坡至下陆坡，其水道宽度相对稳定，而水道深度逐渐减少甚至消亡，宽深比增大［图5－4（f）～图5－4（h）］。

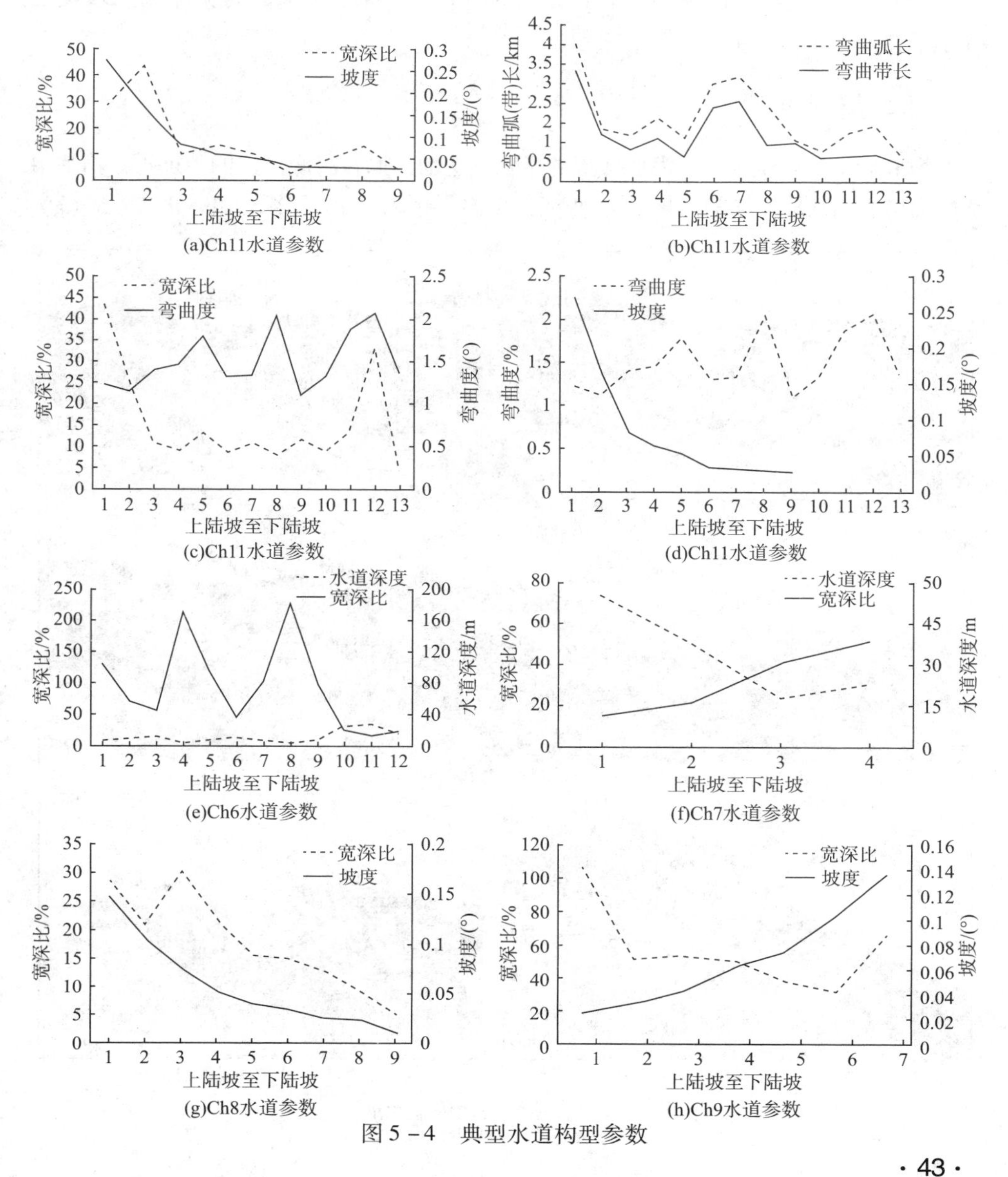

图5－4 典型水道构型参数

3. 陆坡地形与水道弯曲度、宽深比的关系

陆坡区，上陆坡至下陆坡，海底坡度逐渐减小。上陆坡发育的水道基本为顺直水道，弯曲度小。陆架坡折带海底滑坡或陆架河流输送的陆源物质形成的重力流，流经上陆坡，在中－下陆坡由于海底坡度降低，重力流流速减缓且经长距离搬运分选，粒度变细，水道的弯曲度逐渐增大。上陆坡至下陆坡，坡度逐渐降低，顺直水道的宽深比逐渐增大［图5－4（f）］。而弯曲水道的宽深比随坡度的减小而减小［图5－4（a）］。

二、麻坑地貌

海底麻坑一般认为是由海底浅层的生物气逸散，而在海底形成的负地形。海底麻坑呈圆形或椭圆形，横剖面呈U形特征，左右一般不对称［图5－1、图5－5（a）、

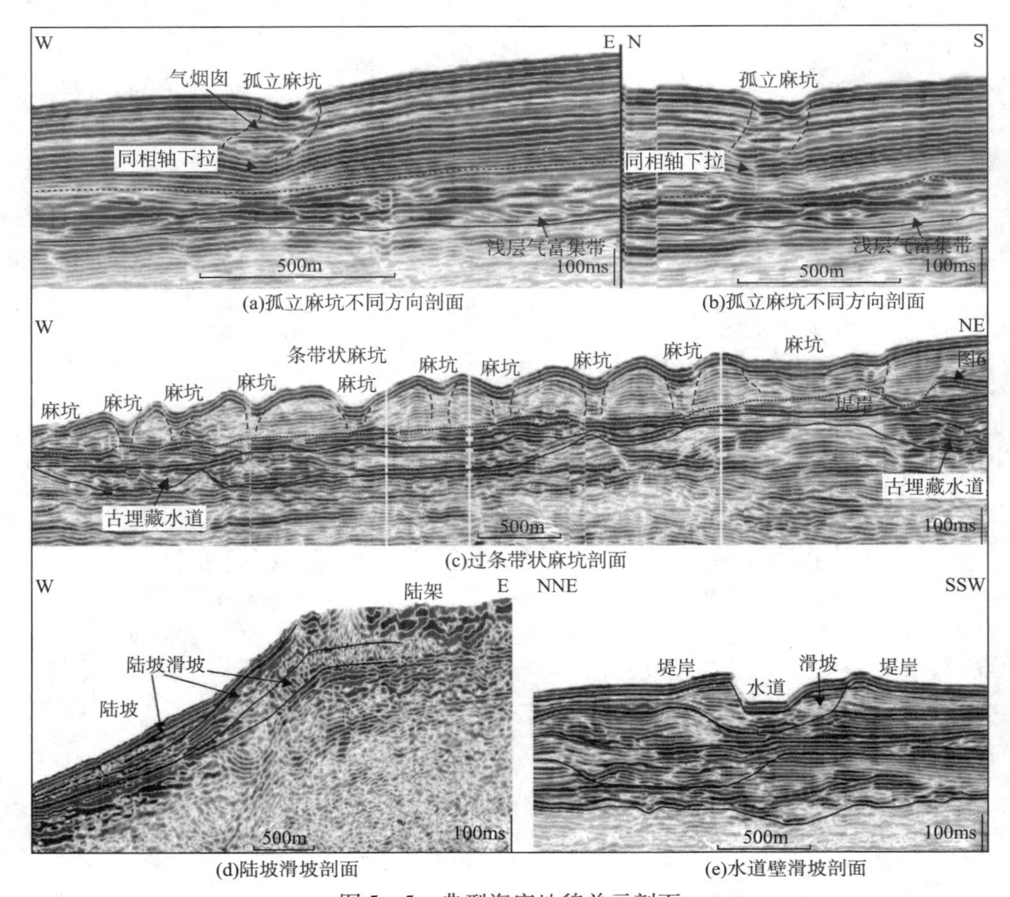

图5－5　典型海底地貌单元剖面

图5－5（b）和图5－5（c）］。海底麻坑的分布特征可分为孤立麻坑和条带状麻坑。孤立海底麻坑在南、中和北区均有发育。孤立麻坑可以单独出现也可以成片出现（麻坑随机分布）。孤立麻坑下部发育的气烟囱具有振幅增强、同相轴下拉特征［图5－5（a）、图5－5（b）］。

条带状海底麻坑南北两区均有发育，南区较发育。条带状海底麻坑则由多个海底麻坑排列成直线或曲线状，长度延伸3～15km，呈条带状分布［图5－1、图5－5（a）、图5－5（b）和图5－5（c）］。沿条带状海底麻坑走向剖面呈脊－槽相间地形特征［图5－5（c）］。由NE至W方向，海底麻坑的深度和宽度均呈不规则变化。麻坑壁的坡度向海盆一侧较陡，而向陆架一侧较缓。每一麻坑下方地震同相轴具有同相轴下拉且振幅增强特征［图5－5（c）］。在条带状海底麻坑下方地层中见强振幅充填地震相，推测为古埋藏重力流水道。由于重力流水道内部沉积物埋藏浅、压实程度低、沉积物固结程度低，孔隙好，便于浅层生物气的富集，进而导致沉积物与周围海底沉积物之间的波阻抗差异较大，振幅增强，频率降低［图5－5（c）］。麻坑下部则是气体逃逸通道，由于大量含气，速度降低，与周围海底泥质沉积具有较大的波阻抗差异，因此，在地震响应上具有振幅增强，同相轴下拉特征。现今海底发育的条带状海底麻坑基本上分布于古水道上方或两侧（图5－6）。

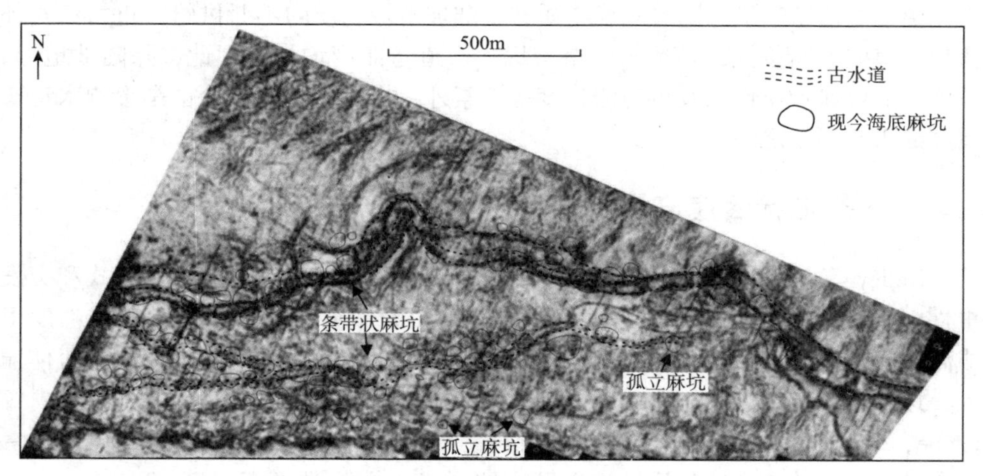

图5－6　海底麻坑及古水道分布图（古水道顶界面＋20ms沿层相干）(据李磊等，2013修改)

三、海底滑坡地貌

根据滑坡发育的位置及滑块体运动的方向可分为陆坡垮塌和水道壁垮塌（李磊

等，2013）。陆坡重力失稳，滑动、滑塌形成的滑块体，具有朵状几何外形，滑块体后部发育铲状滑塌槽［图5－1、图5－5（d）］。滑块体顺滑脱面滑动，并发生一定程度的旋转，内部具有铲式扇构造特征。深水重力流对峡谷或水道长期侵蚀，水道壁重力失稳，导致水道壁滑塌形成的滑块体［图5－1、图5－5（e）］。

第三节　典型地貌单元的演化

一、典型弯曲水道（Ch11）的演化

在早期，存在与Ch11相伴生的一条古水道，两条水道在一处汇聚一条［图5－7（a）］。随着时间的推移，Ch11弯曲度逐渐增大，部分高弯曲段呈“几”形特征，而伴生的古水道逐渐被废弃［图5－7（b）］。在图5－7（c）和图5－7（d）时间切片上，与Ch11相伴生的古水道基本上完全消失，早期Ch11高弯曲段在重力流作用下截弯取直，高弯曲部分被废弃，而在Ch11沿陆坡下方出现新的高弯曲段。与研究区其他顺直水道相比（Ch7～Ch10），Ch11水道顶端延伸至陆架边缘，便于接受陆架边缘三角洲分流河道输送的陆源供给物质，成为维持重力流活动的活跃通道。随着陆缘物质和上陆坡滑塌物质的不断供给，重力流对外弯带水道壁不断侵蚀，导致水道壁垮塌，水道弯曲度增加。因此，除陆坡地形、坡度、陆坡非均质性以及重力流粒度等因素外，推测重力流供给也是影响水道弯曲度的重要因素之一。

二、条带状海底麻坑的演化

Kelley等（1994）提出了流体持续缓慢渗漏形成海底麻坑的平衡模式和突发事件因素（地震、海啸、海平面下降等）致使流体突然发生强烈渗漏或喷发形成海底麻坑的突变模式。一般认为，条带状海底麻坑是由于深水水道缺少流体输入，逐渐被废弃甚至充填的阶段，海底流体、气体或孔隙水逸散而形成等（Jobe，2010）。李磊等将条带状海底麻坑的形成过程总结为：古水道超压形成－古水道超压释放－麻坑物质冲洗以及麻坑形成4个阶段（李磊等，2013）。早期重力流水道［图5－8（a）］由于物源供给减少或被袭夺，形成废弃水道，废弃水道轴向不均匀沉积（椭圆形及其周围可能为富砂沉积）［图5－8（b）］。后期深海泥质披覆沉积均匀披覆在废弃水道之上。废弃水道内富砂沉积体成为深部气体或浅层气聚集场所，聚集的气体沿其上方的通道（断层、裂缝、渗透性砂体等）

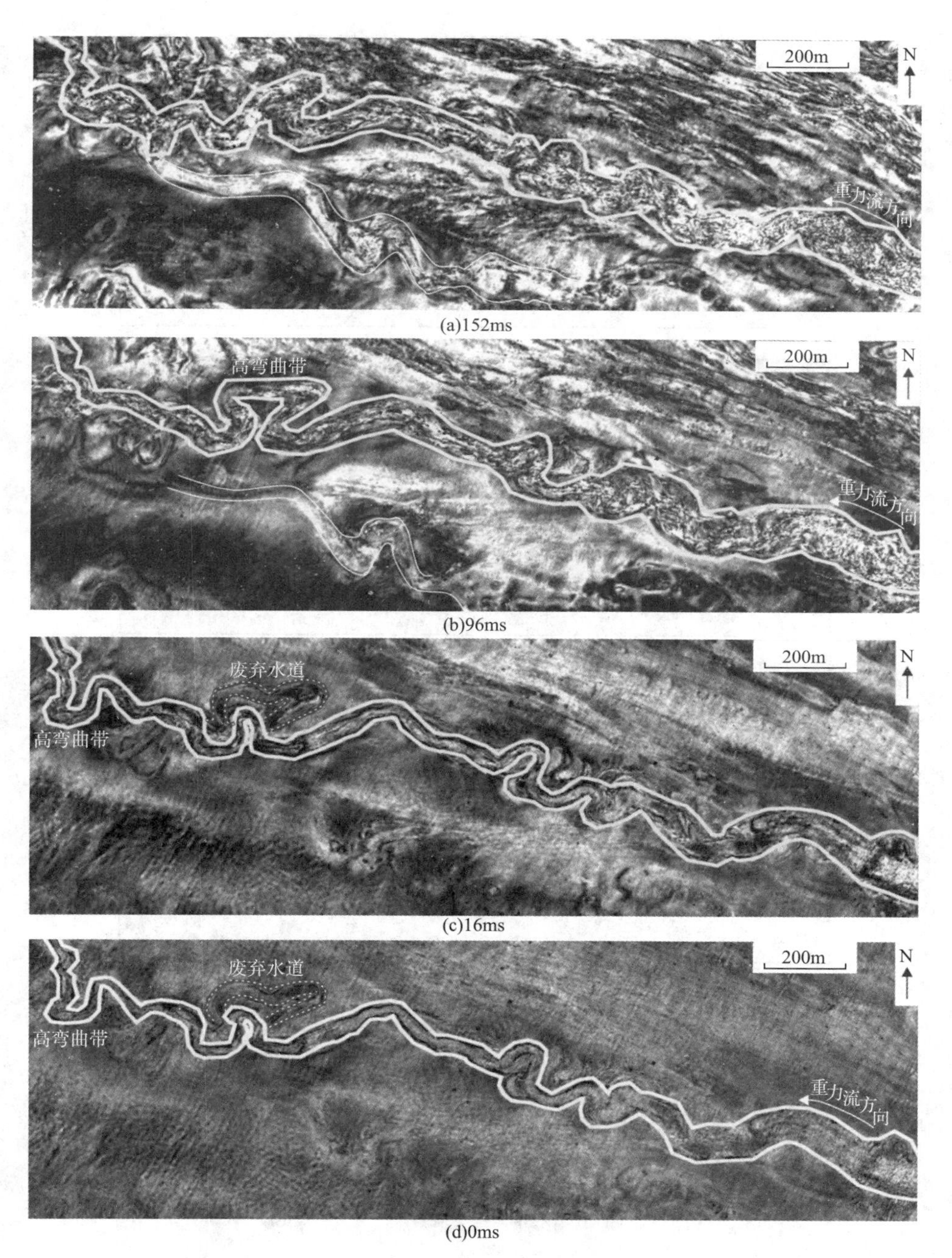

图 5－7　Ch11 时间切片

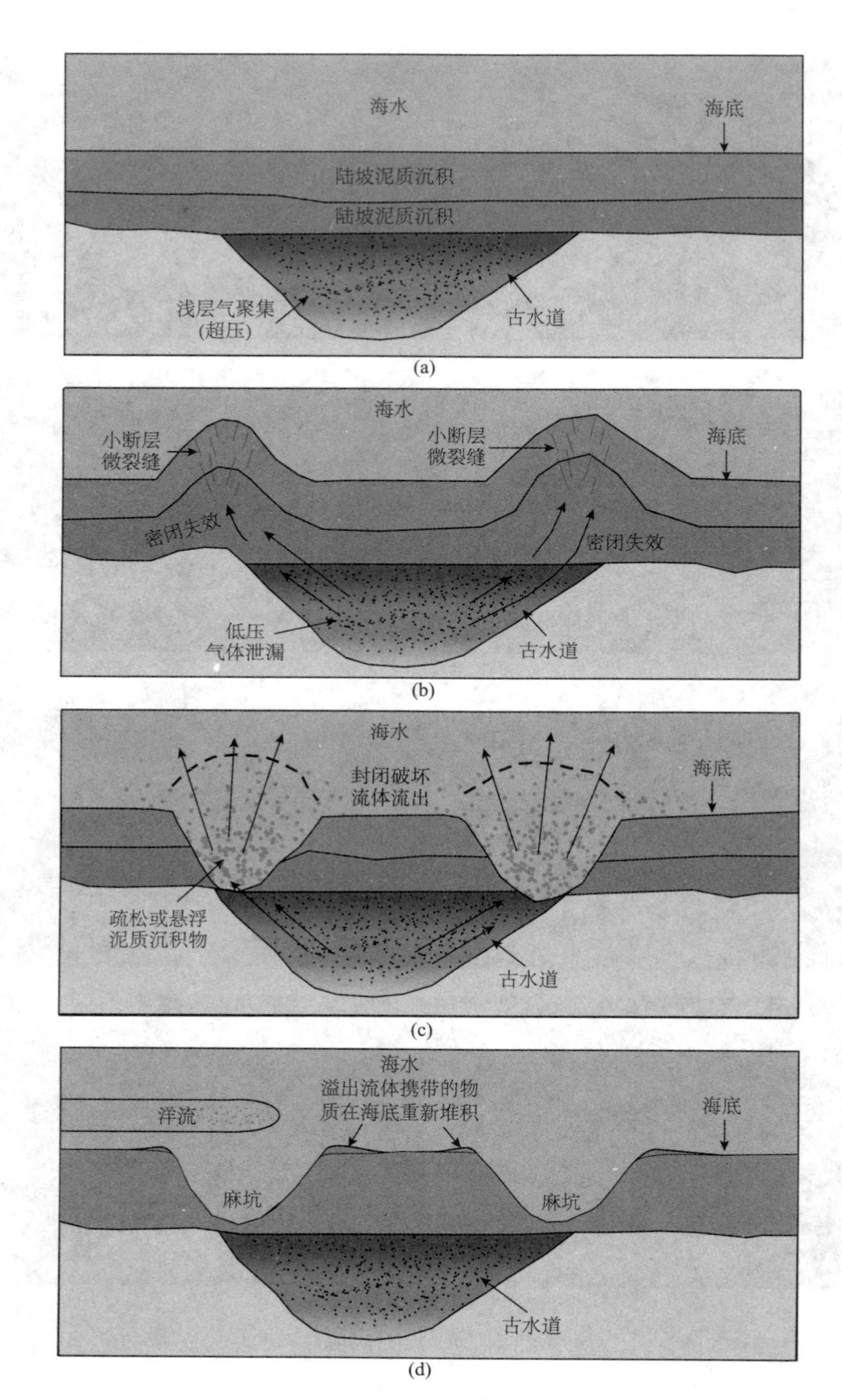

图 5－8　条带状海底麻坑的形成过程

向海底逃逸，渗漏的气体致使近海底沉积地层疏松被海底洋流带走，在其周围形成圆形或椭圆形负地形（麻坑）[图5-8（c）]。废弃水道内富砂沉积体系内的气体持续逃逸，最终在古水道上方或两侧形成条带状海底麻坑。

第四节　小　　结

本文基于Rio Muni盆地高分辨率三维地震资料对研究区第四纪陆坡开展地震地貌学研究，主要取得了3点认识：

（1）研究区海底受深水重力流及流体流作用的影响，发育滑坡、深水重力流水道及海底麻坑3类典型地貌单元。

（2）起源于上陆坡的弯曲度较低的深水重力流水道，由于重力流水道物源供给不足，在下陆坡逐渐消亡，水道末端朵体不发育。而弯曲度较高的Ch5、Ch6及Ch11则起源于陆架坡折带之上的陆架区，且中下陆坡段的弯曲程度大于上陆坡，推测水道的弯曲程度受物源供给、陆坡坡度的控制。

（3）条带状麻坑分布在古水道上方或两侧的海底。推测古废弃水道内的不均匀沉积以及浅层气的逸散是形成条带状海底麻坑的主要因素。

第六章　Rio Muni 盆地第四纪深水弯曲水道：构型、成因及沉积过程

深水沉积过程及其产物已成为世界沉积学界研究的热点（方念乔，1990；龚建明等，2005；林畅松等，1991；Nigel 等，2009；Nakajima 等，2009；Wynn 等，2007）。由于水道储层内大量油气的发现以及三维地震技术对水道体系复杂的内部几何形态识别，深水水道近年来引起了广泛关注（龚建明等，2005；吕彩丽等，2010；吴时国和秦蕴珊 2009；袁圣强等，2009；Babonneau 等，2010；Nakajima 等，2009；Nigel 等，2009；Wynn 等，2007）。深水区勘探程度低，缺少露头和钻井资料，地下地质条件主要依靠地震方法研究（袁圣强等，2009；李磊等，2010）。深水水道作为输送陆源碎屑沉积物到深海盆地的重要通道和沉积场所，对沉积物起到约束和分类作用。第四纪深水水道时代较新，沉积遭受后期改造和破坏小，地震资料分辨率高，能够反映水道的原始形态和充填过程，便于研究。本文利用 Rio Muni 盆地第四纪高分辨三维地震资料研究深水弯曲水道的沉积构型、成因及其沉积过程。第四纪水道模型的建立可以为深水浊积水道储层预测提供理论依据。

第一节　区域地质背景

Rio Muni 盆地位于非洲西部中南段边缘，尼日尔三角洲和加蓬盆地之间（图 6－1）。Rio Muni 盆地主要分为三个演化阶段：第一阶段为裂陷阶段，主要以陆相和湖相沉积为主；第二阶段为断拗转换阶段，以浅海过渡相沉积为主；第三阶段坳陷阶段，从晚白垩纪开始发育陆坡或深海盆地沉积，发育大量的浊积水道和浊积朵体（Dailly 等，2002）。研究区位于 Rio Muni 盆地陆坡深水区，平均水深约 700m。拥有高分辨率三维地震资料 400km^2，地震资料频带范围 3～120Hz，主频 40Hz。研究区第四纪陆坡发育大量顺陆坡倾向的重力流弯曲水道（图 6－1）。

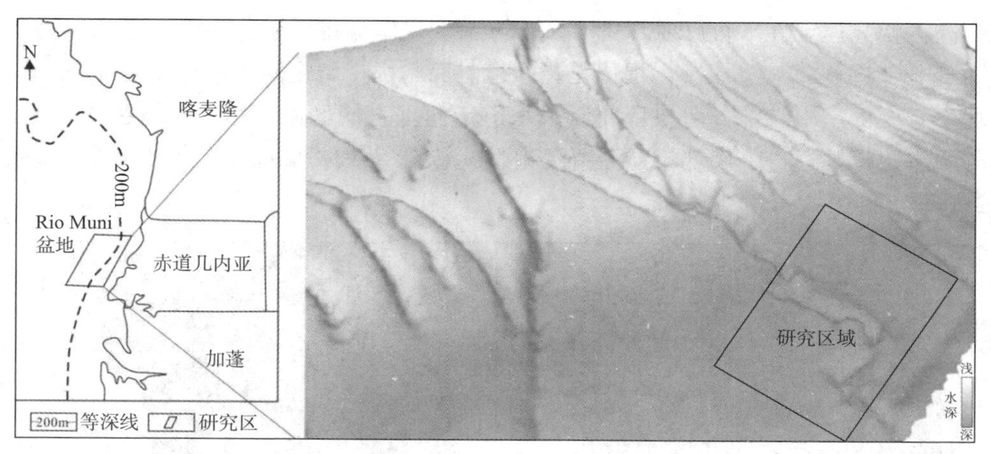

图6－1 研究区域位置图（据 Dailly 等，2002 修改）

第二节 深水弯曲水道沉积特征

大量的粗粒沉积物侵蚀陆坡，形成水道，而重力流溢出水道形成堤岸沉积。研究区深水水道作为沉积物搬运通道和沉积场所，具有高弯曲度、长条形、负向地貌特征［图6－2（a)、图6－2（b)］。在深海碎屑岩的地震反射特征中，泥岩地层通常表现为弱振幅、高频率，然而被泥岩包裹的水道砂、堤岸和朵体砂表现为强振幅、低频率，因此，振幅属性可以清晰地将水道沉积与周围的深海泥质沉积区分开（吕彩丽等，2010；李磊等，2010；吴时国等，2010；袁圣强，2009；Nigel等，2009）。研究区第四纪水道底部粗粒滞留沉积呈中振幅低连续性杂乱反射，水道内深海泥质披覆沉积呈弱振幅杂乱反射［图6－2（c)、图6－2（d)］。深水水道主要作为重力流搬运粗粒沉积物的通道，内部以深海泥质披覆沉积为主，底部包含粗粒滞留沉积。粗粒滞留沉积与周围泥岩有较大的波阻抗差，在地震剖面上具有强振幅反射特征。深水水道具有“U”形或“V”形特征，底部粗粒滞留沉积呈强振幅反射，内部细粒充填沉积呈弱振幅特征［图6－2（a)、图6－2（c)］。强振幅粗粒滞留沉积在过水道弯曲带的地震剖面上具有典型的侧向迁移特征［图6－2（c)、图6－2（d)］。水道侧向侵蚀导致水道壁不稳定，形成滑块。弯曲水道的内弯带见近似平行于水道的滑塌槽［图6－2（b)］。重力流对水道壁侵蚀、发生水道侧向迁移，水道壁重力失稳发生垮塌。滑塌槽是水道壁滑塌形成的凹槽［图6－2（c)、图6－2（d)］。“U”形和“V”形水道两侧的堤岸为高振幅高连续性平行反射［图6－2（c）］。堤岸脊将堤岸分为内堤岸和外堤岸两部分［图6－2（d）］。内堤岸是指水道谷底与堤岸脊之间的部分。外堤岸只是堤岸脊至堤岸末端部分。与弯曲深水水道走向垂直的剖面显示，水道由内堤岸、外堤岸、侵蚀通道、底部粗粒滞留沉积、旋转滑塌块体等沉积单元组成［图6－2（c）、图6－2（d）］。

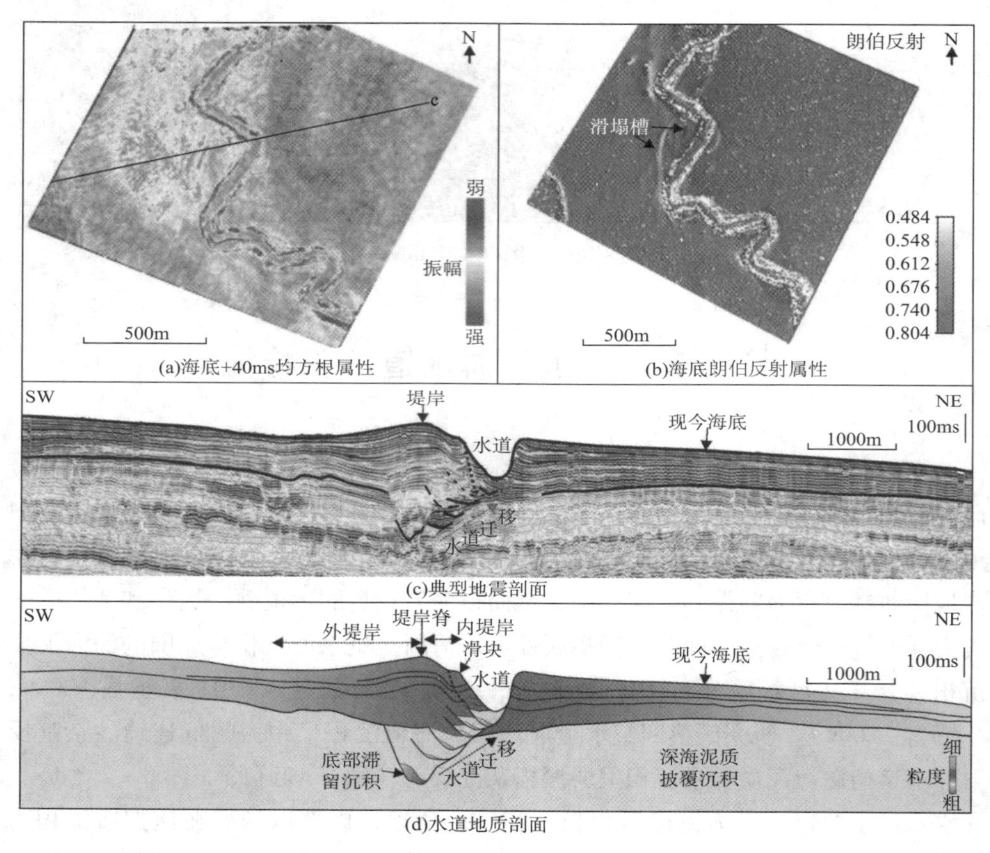

图6－2　研究区深水水道特征

水道的形状和位置受沉积过程或侵蚀下切过程控制，水道的起伏变化取决于侵蚀过程、原始的沉积过程或者两个过程的共同作用（Mutti 和 Normark，1991）。在海平面相对上升的阶段，水道内往往被深海泥质沉积所充填。水道充填沉积物包括砾石、砂岩、泥和混合充填等，其特性有很大不同，这取决于很多因素，包括构造运动、气候和沉积物的补给等（Reading 和 Richards，1994；Richards，1998；Richards 和 Bowman，1998）。从本质上来说，堆积的样式取决于水道宽度、深度、水道位置、内在沉积过程等。

第三节　深水水道演化及弯曲水道岩相模式建立

一、深水水道演化

研究区深水弯曲水道底部粗粒滞留沉积表现为强振幅反射，在地震剖面上可清晰展示水道的侧向迁移和垂向加积特征（图6-3）。在弯曲带，深水水道表现为侧向迁移特征［图6-3（b）、图6-3（d）、图6-3（e）、图6-3（g）］。在顺直水道带，水道则为垂向加积特征［图6-3（c）、图6-3（f）］。顺重力流流动方向，重力流向对岸侵蚀而迁移，沉积物堆积在内弯曲带。

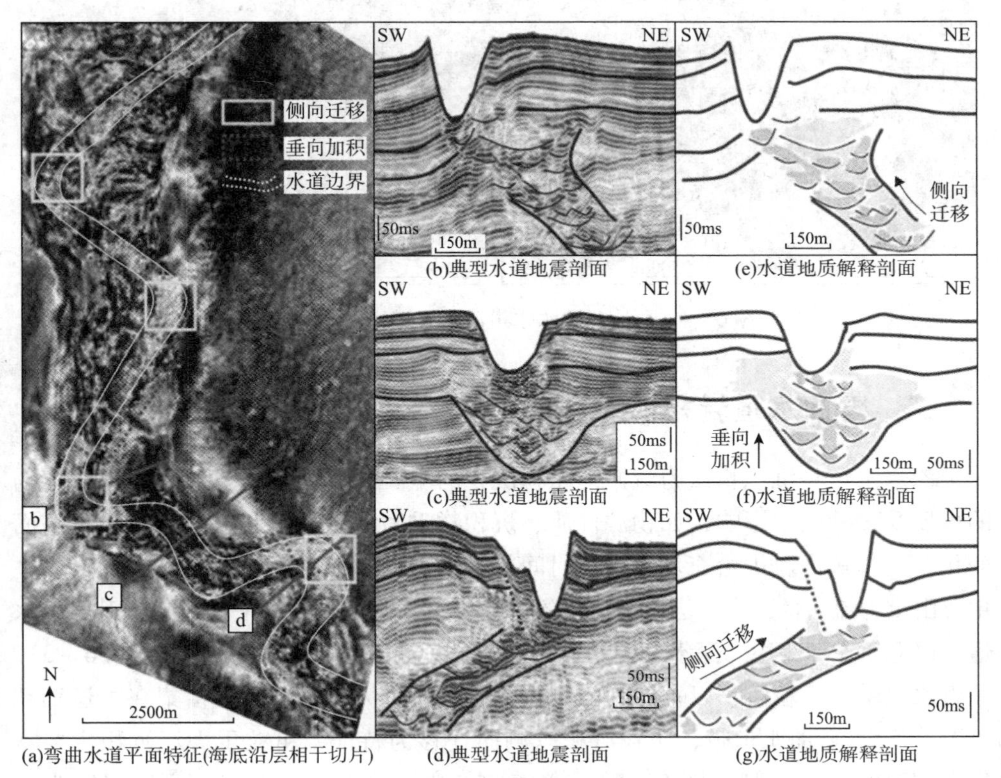

图6-3　深水弯曲水道典型地震剖面

深水弯曲水道在平面上可分为垂向加积带和侧向迁移带［图6-3（a）］。顺流动方向，水道的垂向沉积和横向迁移主要取决于水道受限制的程度（Saller,

2004）。高速重力流在水道的弯曲带以侵蚀作用为主，而在顺直水道带则以侵蚀－沉积的共同作用或以加积作用为主。

在一个深水水道沉积序列中，水道体系类型和形态演化与重力流能量有关，早期重力流侵蚀能量强，以侵蚀型水道为主，水道弯曲度低、弯曲度分别为1.4、1.45［图6－4（a）、图6－4（b）］，中后期则以侵蚀和沉积共同作用为主，后期搬运能力减弱，水道弯曲度较高，弯曲度分别为1.65、1.8［图6－4（c）、图6－4（d）］。

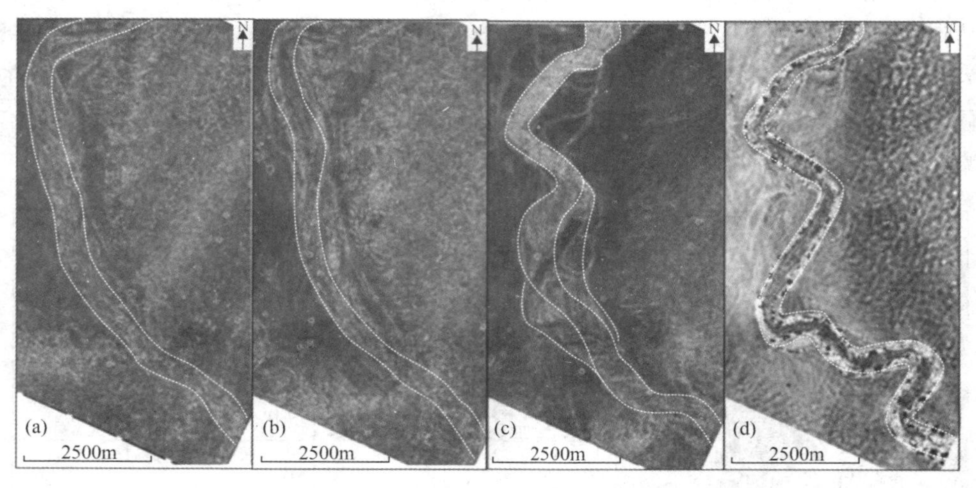

图6－4　研究区深水水道演化（25Hz分频切片）

二、弯曲水道岩相模式建立

深水水道是沉积物重力流搬运粗粒沉积的主要通道和沉积场所。水道充填物的性质受多种因素影响，如物源性质、沉积物重力流供给量和持续时间、海平面变化等。当重力流供给充足，持续时间长，水道内则以重力流沉积为主，其岩性主要由重力流岩性决定。当重力流供给不足，持续时间短，海平面迅速上升，则水道内以泥质充填为主。深水弯曲水道由顺直水道带和弯曲水道带组成（图6－3）。顺直水道带，粗粒沉积以垂向加积为特征，粗粒重力流沉积主要富集在水道轴部（图6－5）。弯曲水道带，粗粒沉积以侧向迁移为特征，粗粒重力流沉积主要富集在水道的内弯一侧（图6－5）。水道向外弯一侧迁移，外弯一侧以侵蚀为特征，水道壁相对较陡。

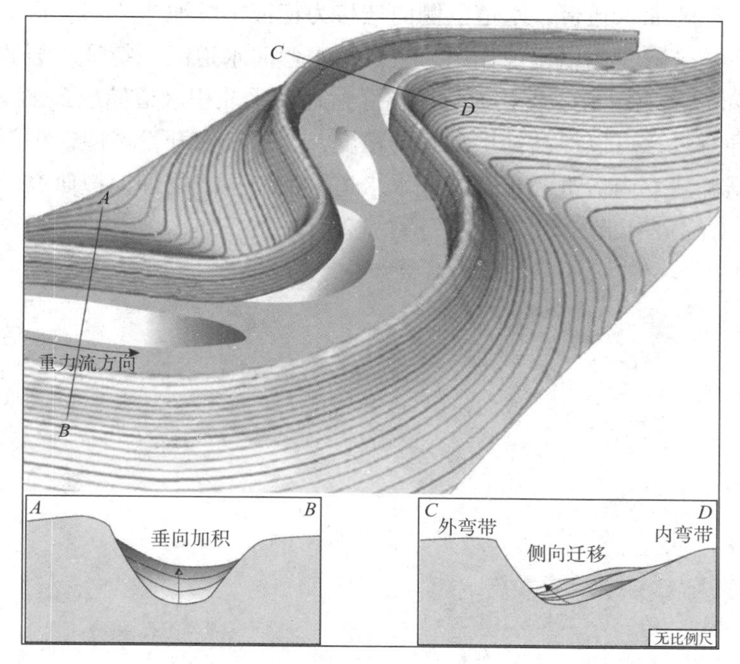

图6－5 深水弯曲水道岩相模式图

第四节 小 结

基于高分辨率三维地震资料对 Rio Muni 盆地第四纪深水区所发育的深水弯曲水道沉积沉积构型、成因及其过程进行了研究，主要取得以下三个方面的成果：

（1）建立了深水弯曲水道沉积构型特征。弯曲深水水道由水道和堤岸组成，堤岸脊将堤岸分成内堤岸和外堤岸两部分，而水道则由底部粗粒滞留沉积、深海泥质披覆沉积以及滑块组成。深水水道在平面上具有弯曲特征，在地震剖面上呈“U”形和“V”形反射特征，底部粗粒滞留沉积呈强振幅反射特征，深海泥质披覆沉积呈弱振幅反射特征。

（2）第四纪深水水道的弯曲度逐渐增大，早期为低弯曲水道，后期逐渐演化为高弯曲水道。

（3）建立了深水弯曲水道沉积岩相模式。深水水道由顺直水道带和弯曲水道带组成。在顺直水道带，水道以垂向加积为主，粗粒重力流沉积物主要富集在水道轴部。在弯曲水道带，水道以侧向迁移为特征，顺浊流方向，内弯一侧以沉积作用为主、外弯一侧以侵蚀作用为主。深水弯曲水道沉积特征、岩相模式的研究对 Rio Muni 盆地深水区或其他被动陆缘盆地深水浊积水道储层预测均具有一定的理论指导意义，可以提高储层预测的精度，降低勘探开发风险。但深水水道岩相模式的精确建立尚需进一步开展深水水道数值模拟或物理模拟研究。

第七章　西非 Rio Muni 盆地深水水道特征与成因

深水水道作为向深海平原输送陆源碎屑物质的重要通道，一直是国内外沉积学界研究主要目标之一（林煜等，2013；林畅松等，1991；吴时国和秦蕴珊，2009；Gong 等，2013；Jobe 等，2011；Kostic 等，2013）。目前，关于深水水道内部结构、叠置样式、沉积体系及演化进行了大量研究（林煜等，2013；2009；Alpak 等，2013；Gong 等，2013；Jobe 等，2011；Kostic 等，2013）。西非 Rio Muni 盆地深水区作为当前深水油气勘探的热点之一，已成为国内外沉积学界研究热点之一（李磊等，2014；李磊等，2012；刘新颖等，2012；Dailly 等，2002；Jobe 等，2011）。Jobe 等对西非 Rio Muni 盆地第四纪陆坡发育顺直和弯曲 2 类深水水道进行了研究，并重点研究了顺直水道的沉积构型和演化（Jobe 等，2011）。李磊等对 Rio Muni 盆地发育的水道内部结构和演化进行了研究，并认为顺直水道逐渐演化为弯曲水道（李磊等，2014；李磊等，2012）。刘新颖等研究了深水水道坡度与曲率的定量关系及控制作用（刘新颖等，2012）。纵观国内外研究成果，对弯曲水道与顺直水道的内部结构、外部形态、演化及其控制因素的异同仍是研究的热点和难点。

本文基于近海底浅层高分辨率三维地震资料，对西非 Rio Muni 盆地深水区所发育的弯曲水道和顺直水道的沉积构型（内部结构、叠置样式、外部形态）、演化及控制因素进行精细研究，为深水水道储层的预测提供理论依据。

第一节　位置及数据情况

研究区位于西非 Rio Muni 盆地，横跨陆架、陆坡区，水深几十至上千米(图 7－1)。研究区拥有高分辨率三维地震数据 470km^2，道间距 12.5m × 12.5m（Inline × Crossline），时间采样率 2ms。近海底地震数据频带范围 6～90Hz，主频约 45Hz。

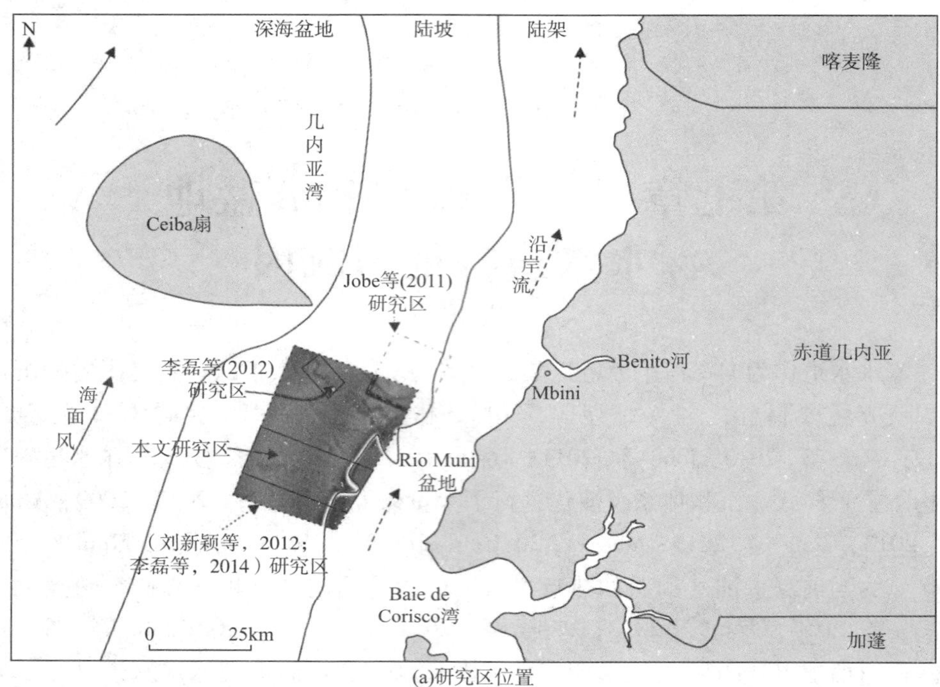

(a)研究区位置

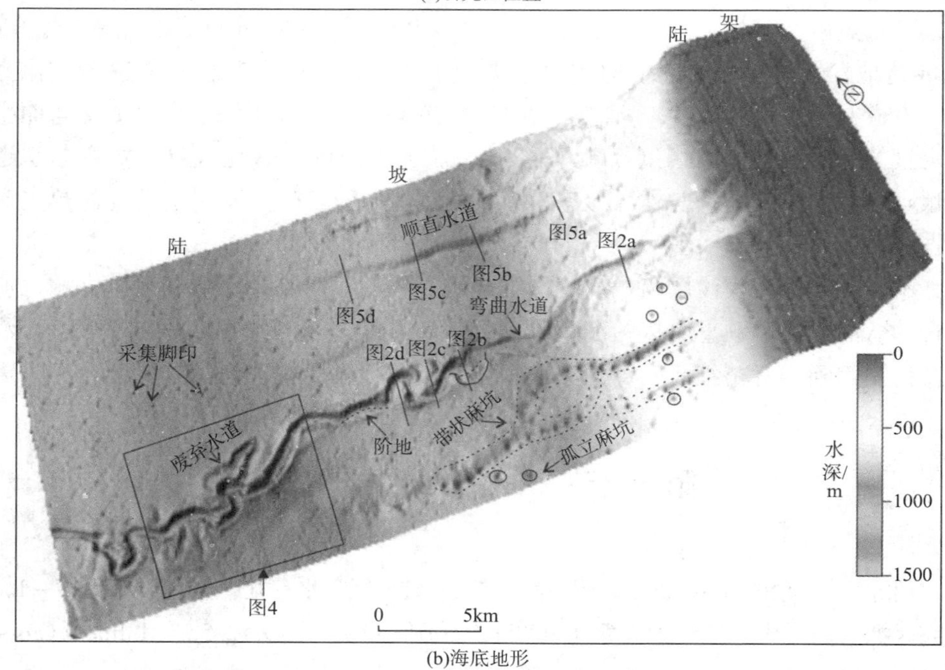

(b)海底地形

图 7－1　研究区位置（据 Jobe 等, 2011 修改）及海底地形图

利用 Landmark 软件对研究区三维地震数据所揭示的现今海底进行精细解释，并将海底解释层位数据进行时深转换，利用 Surfer 软件绘制研究区现今海底三维地形图［图 7－1（b）］。研究区海底地形图揭示现今海底地貌单元：顺直型和弯曲型深水水道，圆形或椭圆形海底麻坑孤立或呈条带状分布［图 7－1（b）］。关于 Rio Muni 盆地深水陆坡区所发育海底麻坑的平面形态、内部结构、成因及演化已有初步论述（李磊等，2014；李磊等，2013；Jobe 等，2011）。本文基于近海底高分辨率三维地震数据，在精细三维层位解释的基础上，利用多种地震属性及成像技术重点对两类深水水道沉积构型进行精细研究。

第二节　深水水道沉积构型研究

为了精细刻画研究区深水水道平面特征，本文在三维层位精细解释的基础上，利用波形分类、边缘检测、倾角方位角和弧长等属性对水道进行刻画（图 7－2）。以现今海底向下 20ms 为时窗，提取波形分类、弧长属性［图 7－2（a）、图 7－2（b）］。将现今海底时间层位进行时深转换，然后分别计算海底深度层位的倾

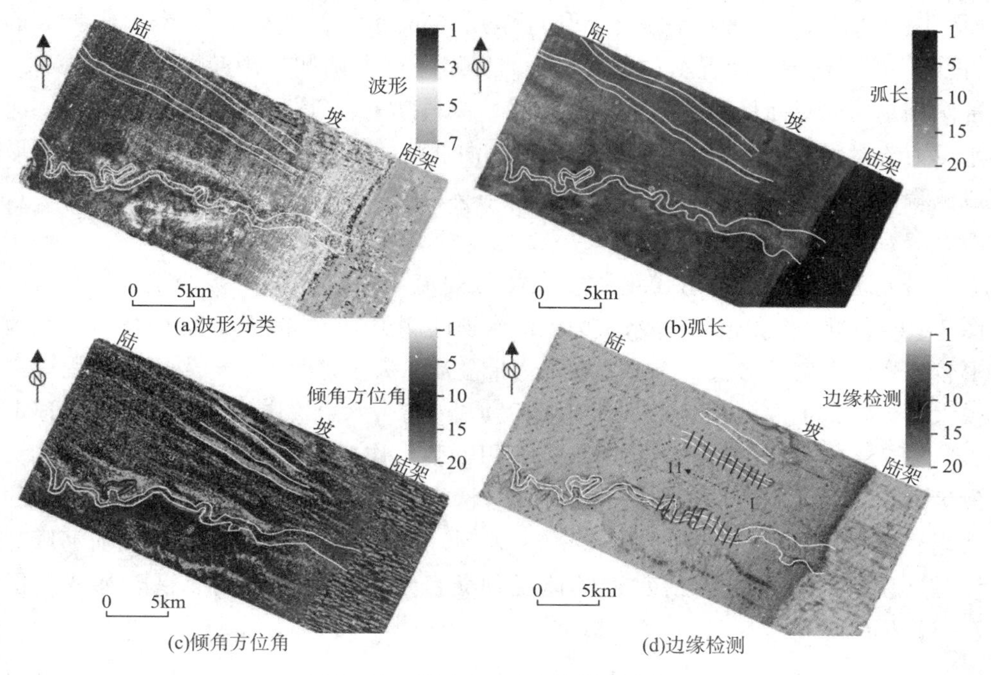

图 7－2　研究区深水水道平面特征

角方位角属性和边缘检测属性［图 7－2（c）、图 7－2（d）］。海底的倾角方位角属性和边缘检测属性展示研究区现今海底所发育的弯曲水道、顺直水道。而波形分类和弧长属性则反映了以海底向下 20ms 时窗内多期沉积体系的综合响应。

一、弯曲水道特征

研究区弯曲水道起源于陆架边缘，横穿陆坡区（图 7－1）。横切弯曲水道的地震剖面呈不对称“V”形特征，内部同相轴呈强振幅、低频特征［图 7－3，文中～2Ma、～5Ma 地震反射界面由文献（Jobe 等，2011）推测而知］。上陆坡水道弯曲度相对较小（图 7－2），水道横剖面一侧缓而一侧较陡，水道两侧堤岸不发育，水道宽深比大［图 7－3（a）］。近 5Ma 以来，该水道在上陆坡侧向迁移不明显，垂向加积为主［图 7－3（a）］。弯曲水道弯曲度较高段水道剖面［图 7－3（b）～图 7－3（d）］显示：水道内弯带一侧较缓，以沉积为主，发育类似曲流河点坝的侧积体；而外弯带一侧水道壁较陡，以侵蚀作用为主，导致水道向外弯带一侧不断迁移。

随着陆坡坡度的减小，弯曲水道弯曲程度增大，水道内弯带侧积体由于滑塌作用形成阶梯状地貌（图 7－4）。重力流溢出水道，在水道一侧形成溢流沉积（图 7－4）。由于重力流的截弯取直作用，早期高弯曲水道带形成废弃水道（图 7－4）。地震剖面展示，水道两侧的堤岸厚度向两侧逐渐减薄，呈楔状，内部同相轴与底界面呈下超接触（图 7－4，*AA′*、*BB′*、*CC′*、*EE′*、*FF′*、*GG′*）。深水重力流对水道外弯带侵蚀，致使水道侧向迁移。水道侧向迁移在内弯带一侧形成侧积体，而侧积体重力失稳发生滑塌在水道表面形成阶梯状地形（图 7－4，*CC′*、*EE′*）。

研究区弯曲水道内弯带堤岸发育类似曲流河决口扇的扇状地貌（图 7－1、图 7－4）。近 2Ma 以来，深水重力流向水道两侧溢流形成堤岸，而内弯带海底地形较外弯带海底地形低，重力流在内弯带溢流量大于外弯带，导致内弯带堤岸规模大于外弯带堤岸（图 7－4，*AA′*～*DD′*）。内弯带水道堤岸位于早期深水水道上方（图 7－4，*AA′*～*DD′*），早期水道沉积物脱水作用导致近海底地层重力失稳，发生滑塌（与水道走向近似垂直堤岸边缘滑塌和水道壁滑塌，与陆坡倾向一致的滑塌）形成扇状地貌（图 7－4，*AA′*～*DD′*）。高弯曲水道段发育类似曲流河废弃水道（图 7－4，*GG′*）。沿水道轴地震剖面显示，水道轴线剖面呈阶梯状（图 7－4，*HH′*）。

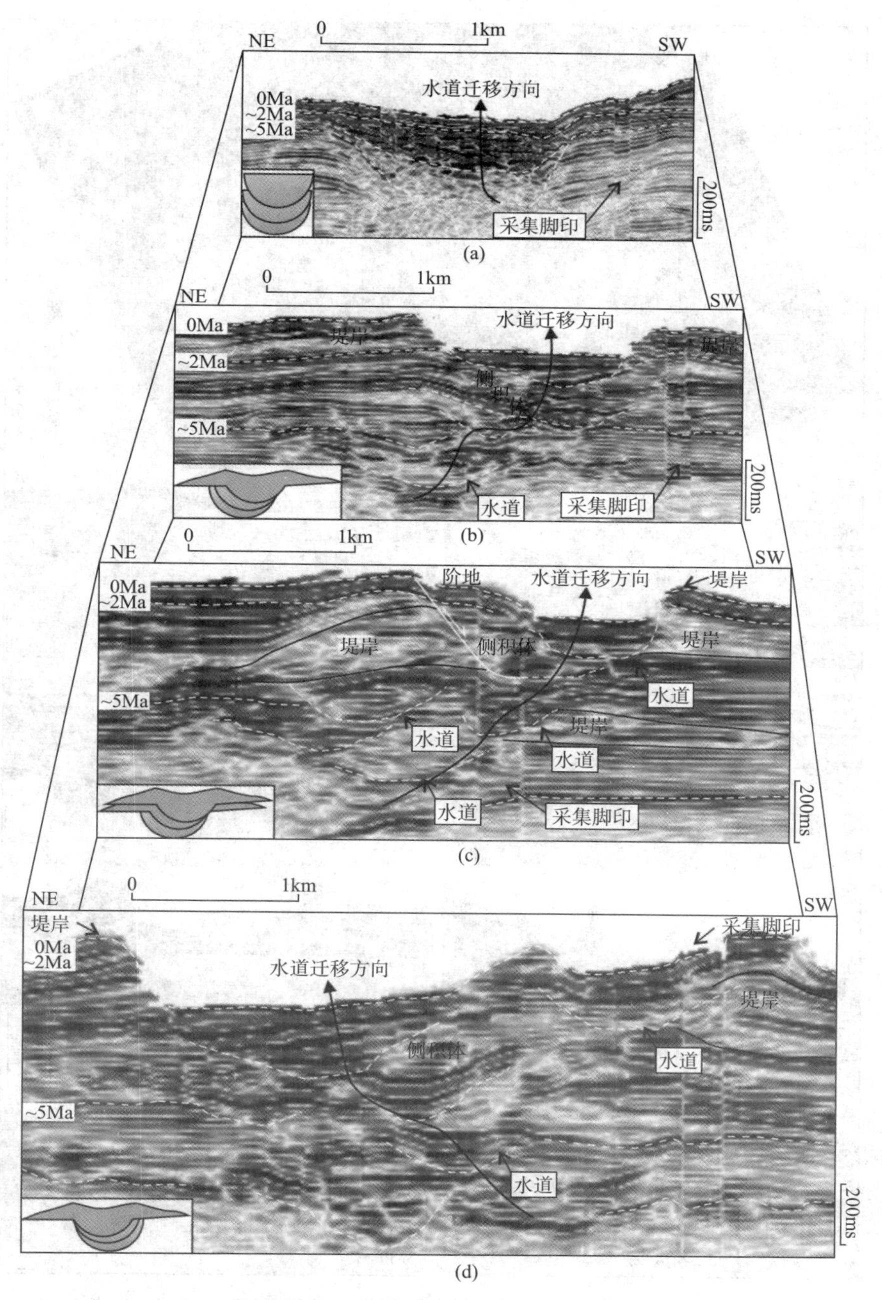

图 7 – 3　弯曲水道典型剖面

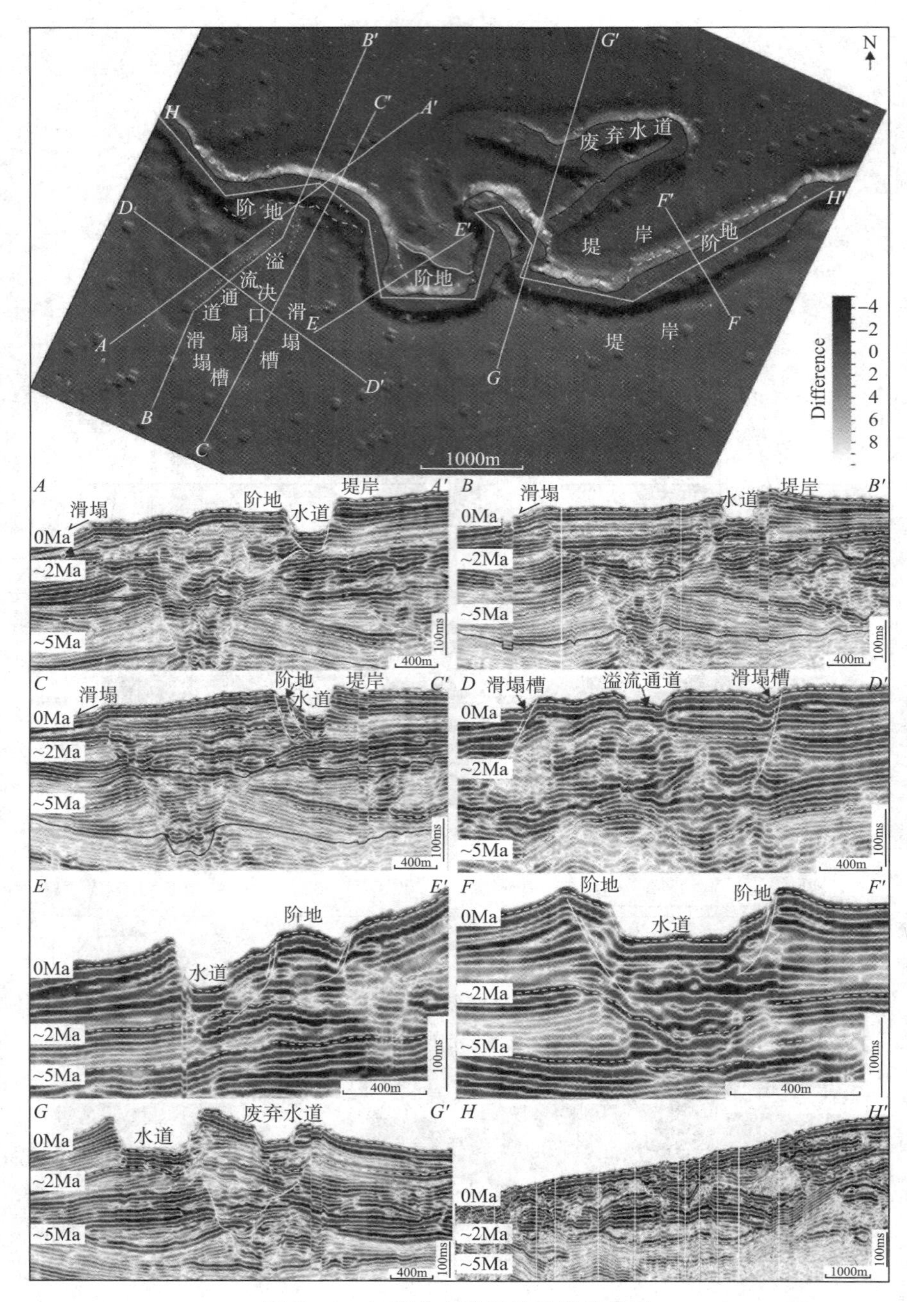

图 7－4　与弯曲水道相关的地貌单元

二、顺直水道特征

海底倾角方位角属性和边缘检测属性揭示研究区现代陆坡发育2条顺直水道[图7-2(c)、图7-2(d)]，而海底向下20ms时窗，提取的波形分类、弧长属性揭示2Ma以来，顺直水道向下陆坡方向和上陆坡方向延伸距离均比现今顺直水道范围广[图7-2(a)、图7-2(b)]。沿陆坡倾向，4条顺直水道地震横剖面揭示(图7-5)：近5Ma以来，顺直水道以垂向加积为主，侧向迁移不明显；5Ma之前，古水道两侧发育楔形堤岸，5Ma之后，水道两侧堤岸不发育；2~0Ma，水道内以及两侧等厚地震同相轴所代表的披覆沉积在一定程度上揭示了，该水道由于物源供给不足，逐渐被深海泥质披覆沉积所充填。

沿陆坡向下，对11个样点位置的顺直水道和弯曲水道的倾角和宽深比进行统计[图7-2(d)、表7-1]。弯曲水道的弯曲度1.33，而顺直水道的弯曲度为1.01。顺直水道沿陆坡向下，水道底部倾角逐渐减小，而宽度增大、深度减小、宽深比增大。而弯曲水道沿陆坡向下，水道宽度、宽深比有减小趋势。

表7-1 研究区深水水道参数

样点	顺直水道				弯曲水道			
	深度/m	宽度/m	宽深比	倾角/(°)	深度/m	宽度/m	宽深比	倾角/(°)
1	30.0	368.0	12.3	5.0	48.0	504.7	10.5	2.1
2	45.0	342.5	7.6	2.4	31.5	457.3	14.5	3.1
3	40.5	325.9	8.0	2.5	34.5	630.8	18.3	2.4
4	40.5	343.9	8.5	2.2	34.5	320.7	9.3	2.5
5	33.0	368.0	11.2	4.1	18.0	452.1	25.1	1.5
6	49.5	157.5	3.2	1.5	27.0	567.7	21.0	4.6
7	34.5	362.7	10.5	2.7	64.5	304.9	4.7	1.1
8	28.5	336.4	11.8	1.9	49.5	289.1	5.8	1.9
9	31.5	357.5	11.3	1.9	40.5	219.8	5.4	1.9
10	25.5	362.7	14.2	1.9	54.0	210.3	3.9	2.2
11	24.0	452.1	18.8	—	81.0	341.7	4.2	—

顺直水道起源于上陆坡而在中下陆坡逐渐消亡。顺直水道由于重力流供给不足，沿陆坡向下，随着流速减小、侵蚀能力减弱以及地形逐渐变缓，水道深度变小，甚至消亡(图7-2)。而弯曲水道起源于陆架边缘，水道贯穿整个陆坡，终

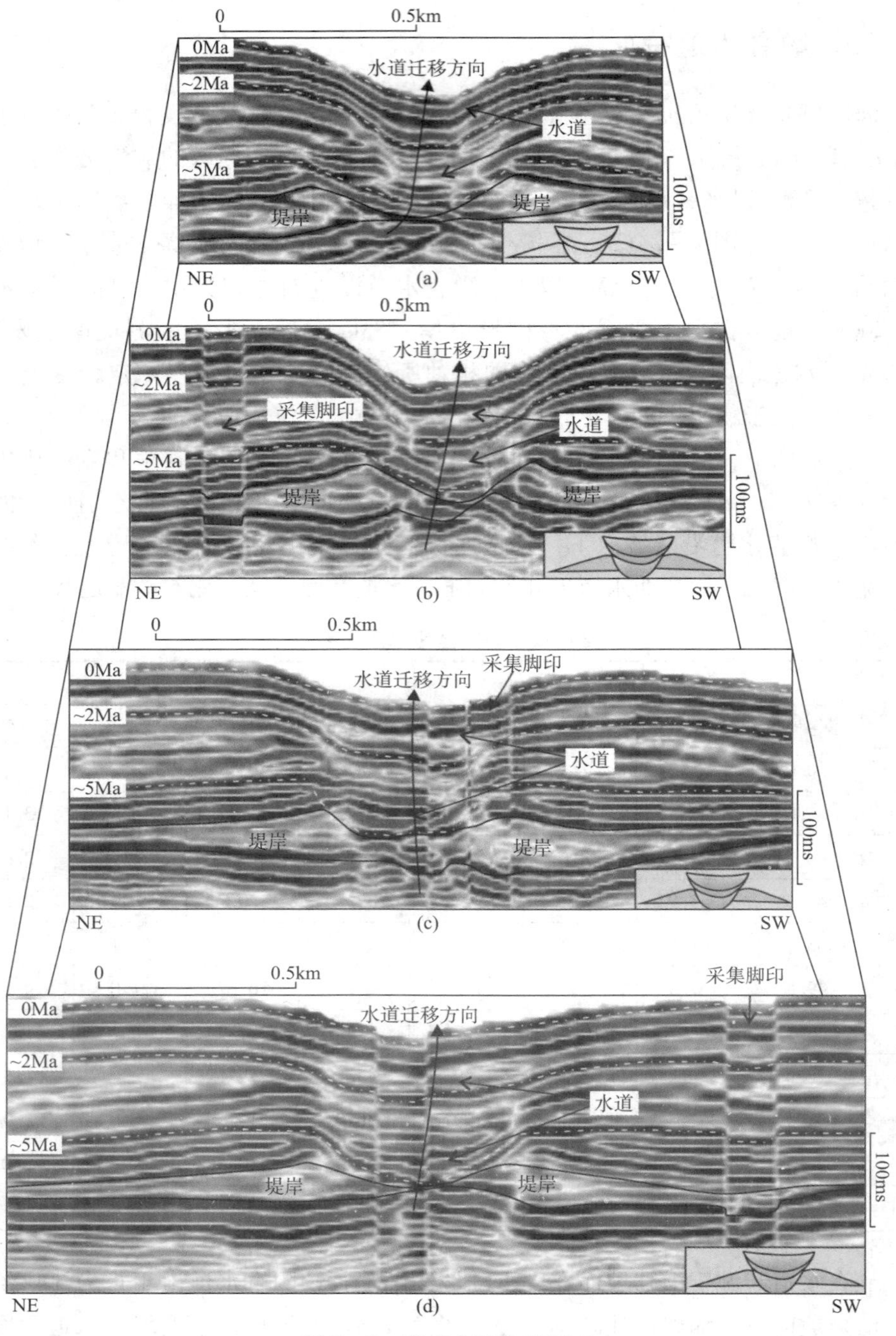

图 7－5　顺直水道典型剖面

止于深海平原（图7-2）。弯曲水道物源供给充分，可以源源不断接受来自陆架河流、陆架边缘三角洲以及上陆坡滑塌形成的重力流供给。多期重力流对深水水道侵蚀、充填致使水道滑塌、迁移。重力流在中下陆坡向水道两侧溢流，在水道两侧形成堤岸沉积。部分高弯曲带甚至由于重力流截弯取直作用，形成废弃水道。

第三节 水道演化模式

研究区5Ma、2Ma以及0Ma界面的沿层相干切片，展示不同时期地貌单元演化特征（图7-6）：5Ma，弯曲水道起始于陆架坡折，陆架河流输送的碎屑岩物质可源源不断为其提供物源，重力流的长期侵蚀、沉积，致使弯曲水道由上陆坡至下陆坡弯曲度逐渐增大，而起始于上陆坡的2条顺直水道汇聚为1条水道；2Ma，受重力流的侵蚀、沉积作用影响，弯曲水道内弯带发生沉积，而向外弯带迁移，而顺直水道则由于物源供给不足，废弃、被深海泥质披覆沉积所充填；研

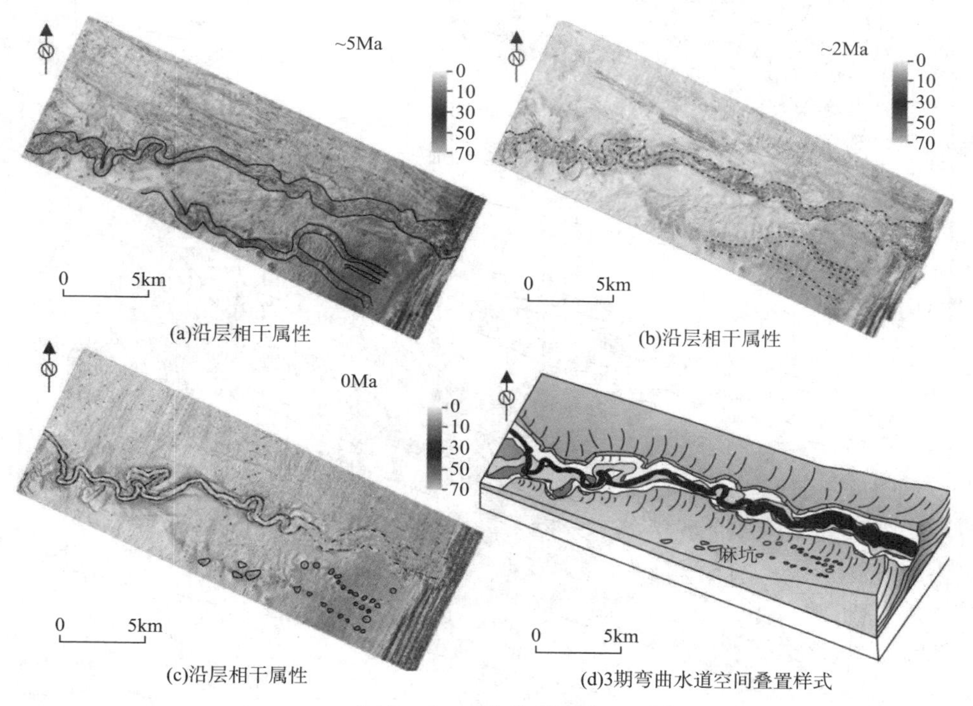

图7-6 弯曲水道演化

究区现今海底，弯曲水道发生迁移，早期高弯曲段由于重力流的截弯取直作用，形成废弃水道，而大量圆形或椭圆形海底麻坑则发育在5Ma 顺直水道上方海底。

根据研究区内2类深水水道剖面特征、不同时期的沿层相干切片特征，建立研究区地貌演化模式（图7－7）。早期主要发育水道、水道－堤岸复合体［图7－7（a）］。根据水道的弯曲程度，可分为弯曲水道和顺直水道。弯曲水道起源

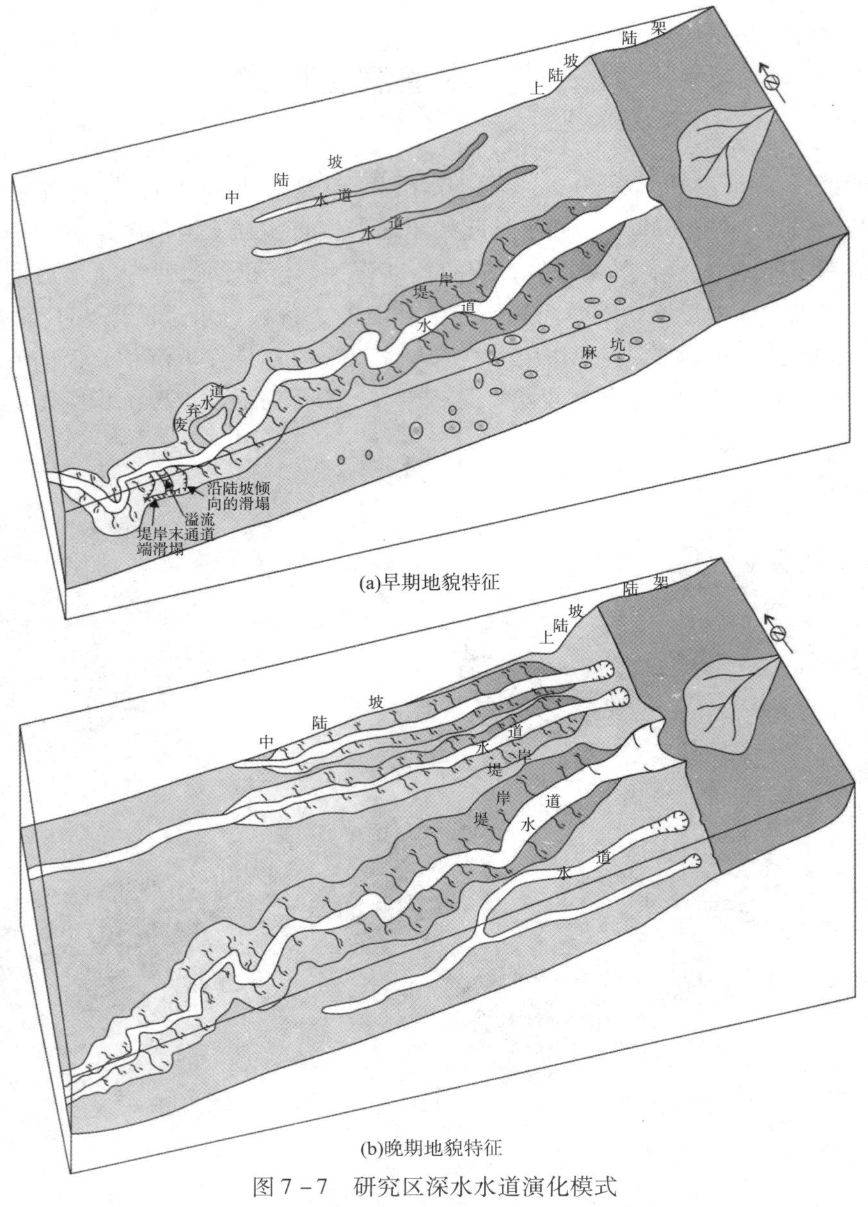

(a)早期地貌特征

(b)晚期地貌特征

图7－7　研究区深水水道演化模式

于陆架坡折，可以接受来自陆架河流或三角洲前缘滑塌输送的陆源物质，物源供给充分。而顺直水道多发育于上陆坡，物源供给多来自上陆坡滑塌形成的重力流，物源供给相对缺乏。

现今海底则发育弯曲水道、顺直水道和麻坑地貌单元［图7－7（b）］。早期的顺直水道，由于物源供给缺乏，逐渐被深海泥质披覆沉积所充填，一部分保留了顺直水道形态，另一部分受古顺直水道内富集气或其他流体的逃逸影响，在海底形成麻坑地貌（李磊等，2013）。早期的弯曲水道－堤岸复合体，物源供给充分的，在重力流长期作用下，发生侵蚀－充填－再侵蚀－再充填的过程，水道垮塌、迁移。弯曲水道高弯曲带在重力流的截弯取直作用下，形成废弃水道。

第四节 小　　结

（1）Rio Muni 盆地深水区高分辨率三维地震资料揭示深水水道的弯曲程度主要受控于重力流供给、海底坡度。5Ma 以来，研究区发育2类深水水道：弯曲水道、顺直水道。

（2）高弯曲水道往往起源于陆架边缘，河流或陆架边缘三角洲为深水水道提供大量重力流供给。深水水道在多期深水重力流的侵蚀、沉积作用下，发生侧向迁移。早期高弯曲水道段在重力流截弯取直作用下，形成废弃深水水道。沿陆坡向下，水道宽深比呈减小趋势。

（3）起源于中上陆坡的顺直水道，重力流供给相对较少，弯曲度低。顺直水道往往被后期泥质沉积所充填。沿陆坡向下，随着陆坡倾角的减小宽深比逐渐增大。

（4）同一条深水水道，沿陆坡向下，随海底坡度的减小，水道弯曲度呈增大趋势。

第八章　西非 Rio Muni 盆地第四纪陆坡海底麻坑地震地貌学

King 和 Maclean 等（1980）首次利用侧扫声纳记录，在 Scotian 陆架发现由于流体泄漏在海底非固结细粒沉积地层形成的椭圆或圆形麻坑地貌。Hovland 等（1988）证实了麻坑与甲烷逸散活动有关，可以指示过去以及现今的海底流体活动。单一麻坑呈圆形或椭圆形，直径几米至上百米，1～80m 深（Kelley 等，1994；Gay 等，2006；Forwick 等，2009）。断层、裂缝或底辟构造构成了流体渗流通道（Gay 等，2006；邸鹏飞等，2012；Bertoni 等，2013；Taviani 等，2013）。对海底麻坑进行观测、钻井取心、采样，确定麻坑中气体渗漏通量及上覆水体甲烷浓度，明确形成麻坑的流体来源（Sahling 等，2008；Salmi 等，2011；Kasten 等，2012；Taviani 等，2013）。麻坑往往形成于具有天然气水合物的陆坡海底（Gay 等，2006；Sahling 等，2008；Sultan 等，2010；Kasten 等，2012），与海底滑坡具有一定的联系（Hovland 等，2002；Lastrs 等，2004）。麻坑的空间分布受控于构造轮廓线（Chand 等，2008；王健等，2010），下伏渗透性岩层和岩性边界（Brothers 等，2012；罗敏等，2012）和古水道（Gay 等，2006；Forwick 等，2009；Andresen 等，2011）。目前，对条带状海底麻坑的形成过程以及与古埋藏深水水道的关系研究程度相对薄弱（Gay 等，2006）。

本书利用西非 Rio Muni 盆地近海底 160km^2 的高分辨率三维地震数据，开展海底麻坑的构型、演化、分布特征及其控制因素研究（图 8－1）。探索孤立型麻坑以及弯曲麻坑带的成因，揭示了弯曲麻坑带与古埋藏深水水道之间的联系，并建立弯曲麻坑带的演化模式。海底麻坑带与古深水水道的关系研究对海底工程灾害预测以及古深水水道油气储层预测具有一定的理论指导意义。

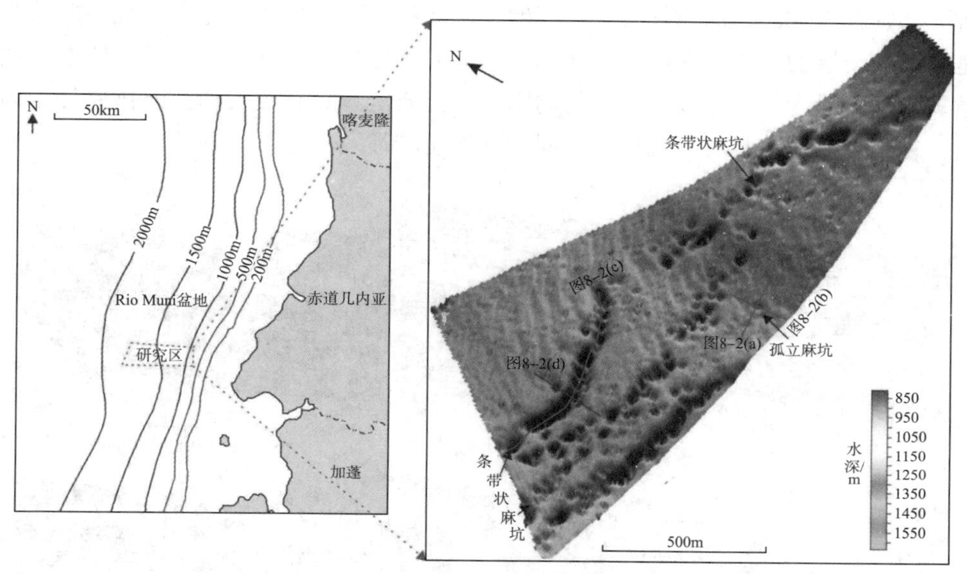

图 8-1 研究区位置及海底地形图

第一节 海底麻坑的形态特征

一、海底麻坑的分类及分布

研究区位于 Rio Muni 盆地陆坡区，水深约 800~1600m（图 8-1）。研究区三维地震数据道间距 12.5m×12.5m，近海底地震数据频带范围 2~120Hz，主频 45Hz。研究区海底发育大量圆形或椭圆形麻坑。海底麻坑有呈孤立分布（孤立麻坑），有呈条带状分布（条带状麻坑）（图 8-1）。单一海底麻坑面积 0.2~0.6km，麻坑深度约 20~60m。条带状海底麻坑由大量单一麻坑聚集而成，长8~12km，宽 0.8~1.2km。

二、海底麻坑特征

基于三维地震数据，利用 Landmark 软件分别截取过孤立麻坑和条带状麻坑的地震剖面（图 8-2）。过孤立麻坑不同方向的地震剖面显示，海底麻坑在地震上具有“U”形或“V”形地震反射特征［图 8-2（a）、图 8-2（b）］。海底麻坑下部发育气烟囱，同相轴具有振幅增强、同相轴下拉特征。海底麻坑一般认为是由海底浅层的生物气逸散，而在海底形成的负地形。麻坑下部则是气体逃逸通道，由于大量含气，速度降低，与周围海底泥质沉积具有较大的波阻抗差异，因此，在地震响应上具有振幅增强，同相轴下拉特征。

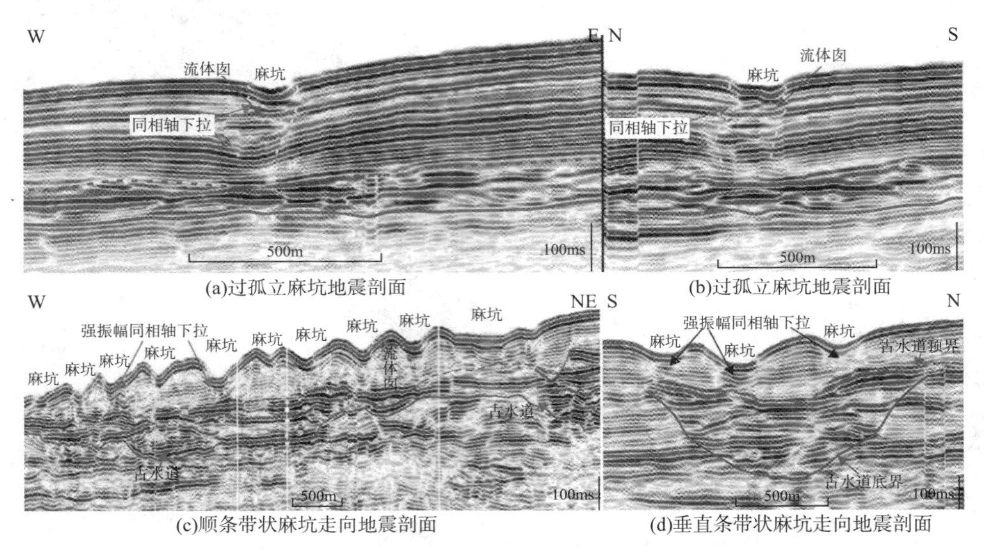

图 8－2　海底麻坑剖面特征

顺条带状海底麻坑走向的地震剖面显示，条带状海底麻坑呈脊－槽相间地形特征［图 8－2（c）］。由 NE 至 W 方向，海底麻坑的深度和宽度均呈不规则变化。麻坑壁的坡度向海盆一侧较陡，而向陆架一侧较缓。每一麻坑下方地震同相轴具有同相轴下拉且振幅增强特征［图 8－2（c）］。横切条带状海底麻坑的地震剖面显示，在条带状海底麻坑下方地层中见典型的宽达 2km 的“U”形强振幅充填地震相，推测该地震相为古埋藏重力流水道。由于重力流水道内部沉积物埋藏浅、压实程度低、沉积物固结程度低，孔隙好，便于浅层生物气的富集，进而导致沉积物与周围海底沉积物之间的波阻抗差异较大，振幅增强，频率降低［图 8－2（d）］。现今海底和古水道地震解释界面下沿 20ms 的相干体切片显示，条带状海底麻坑基本上分布于古水道上方（图 8－3）。

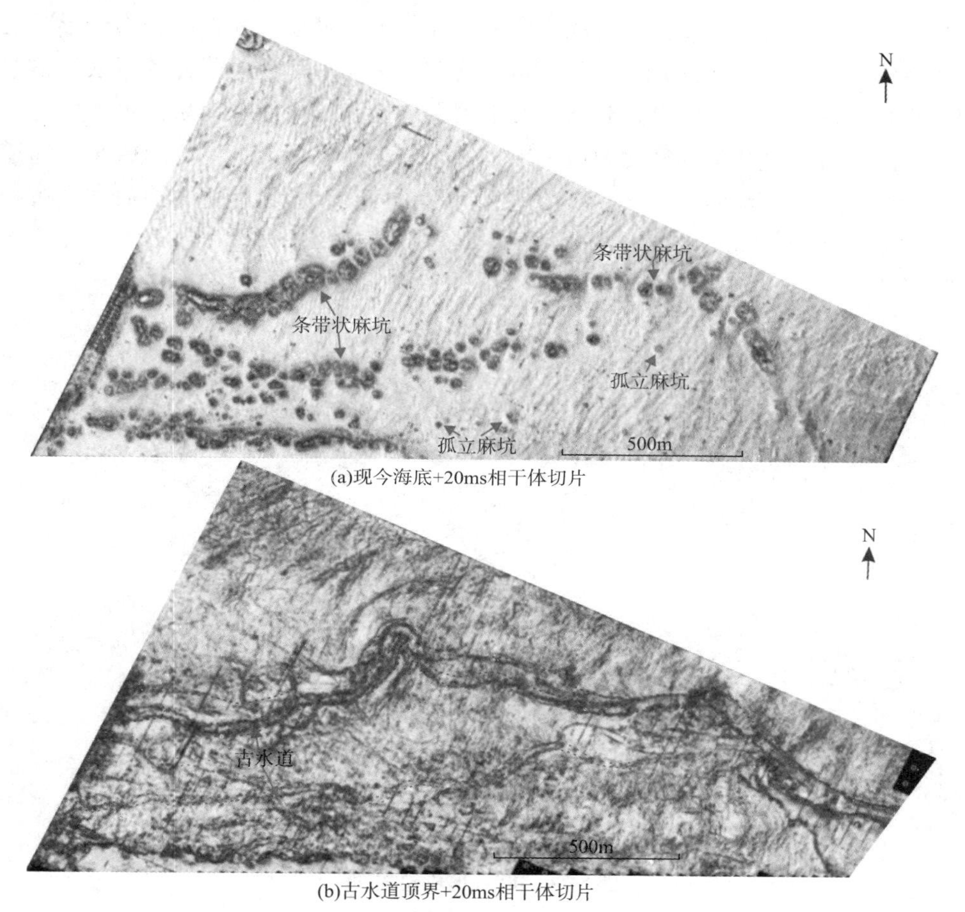

(a)现今海底+20ms相干体切片

(b)古水道顶界+20ms相干体切片

图8－3 条带状麻坑与古水道平面分布图

第二节 海底麻坑演化

近海底高分辨率三维地震数据的精细解释结果显示，研究区海底发育大量条带状海底麻坑（图8－1）。海底麻坑在顺条带状麻坑走向的剖面上具有脊－槽相间的地形特征。海底麻坑下部地层往往发育“U”形深水水道，其平面分布与古深水水道的分布具有密切联系。在前人对海底麻坑演化研究的基础上，结合三维地震数据研究结果建立适合本地区的海底麻坑演化模式（图8－4）。早期沉积物重力流形成的深水水道被后期深海陆坡泥质沉积所覆盖，由于水道内沉积物粒度较粗、孔隙较发育，便于浅层海底生物气等在其内部聚集，并密闭其内，形成超压层［图8－4（a）］。后期，由于地震、海啸、风暴或海平面降低等因素使古水道上方盖层的封闭压力降低，超压致使上覆盖层上隆，而隆起地层内可能发育大量小断层或微裂缝，早期密闭效应失效，古水道内的气体沿上部断层或裂缝通道缓慢向海底逃逸、渗漏［图8－4（b）］。连续的气体渗漏致使上覆海底泥质沉积疏松或细粒悬浮在海水之中［图8－4（c）］，并被近海底洋流所带走，进而形成麻坑［图8－4（d）］。

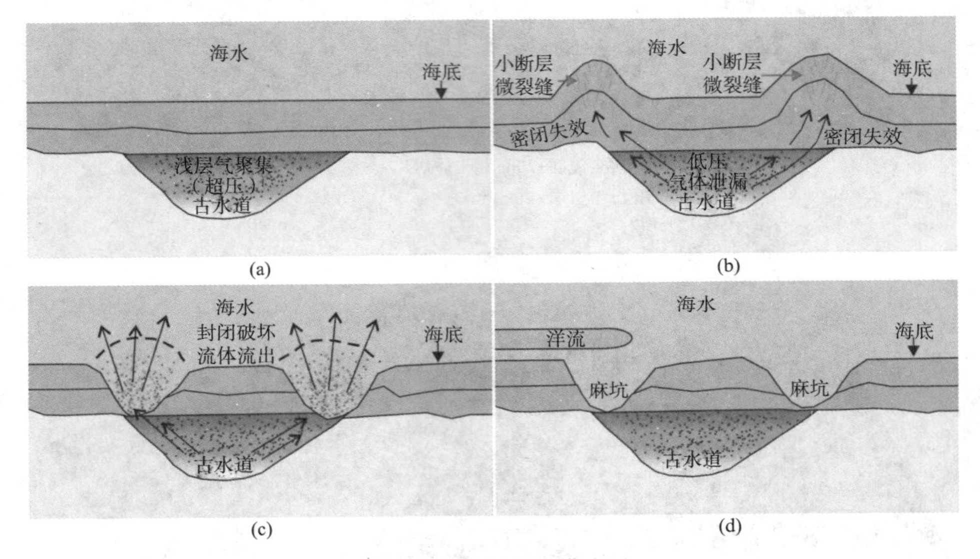

图8－4　麻坑形成模式图

第三节　麻坑的成因机制探讨

由于海底麻坑处于不同的地质环境下，其形成原因也可能不尽相同。海底麻坑可能是沉积地层中的流体向海底快速强烈喷发或者缓慢的持续渗漏过程中形成的，是海底流体流动留下的痕迹（Hovland等，1988）。也可能由低密度、低黏度的塑性物质（泥岩、盐岩）受到挤压或者上覆高密度物质的重压，其上覆沉积物向上隆起，遭受剥离形成（邱鹏飞等，2012）。目前大多数学者认为，欠压实或非压实的沉积物、充足的渗漏流体、流体通道、气体超压体系、良好的沉积物盖层是形成海底麻坑的5个基本要素（Hovland等，1988；Ondeas等，2005；Sultan等，2010；Salmi等，2011；Brothers等，2012）。

一、孤立麻坑的成因

孤立麻坑是海底麻坑中常见的一种形态，随机分布在陆架或陆坡海底之上。一般认为，孤立麻坑主要是海底浅层生物气或沿着断层运移到浅部地层的深部气，由于上覆地层的压力减小，这些气体在浮力作用下沿一定的通道溢出海底并推动孔隙水向上运移，使海底表面沉积物疏松并发生变形，最终被流体搬运走形成海底麻坑（罗敏等，2012）。在孤立麻坑形成过程中，流体渗漏对麻坑的形成起到至关重要的作用。聚集的气体向上渗漏，伴随孔隙水从孔隙空间排出并搬运海底沉积物，使海底沉积地层发生变形，或者说孔隙水逐渐剥蚀海底地层，使海底地层沉积物减少，形成凹陷，即麻坑。大多数情况下，孤立麻坑很有可能代表流体仅发生一次喷发或渗漏，或者流体向着上覆地层快速强烈渗漏形成的（Hovland 等，2002）。

二、条带状海底麻坑成因

研究区条带状海底麻坑分布与古水道分部具有一定的联系（图 8－3、图 8－4）。推测条带状麻坑的形成与古水道沉积密切相关。研究区深水水道主要为重力流沉积。由于第四纪古水道埋藏浅，压实程度小，固结程度低，其沉积物孔隙发育，易于形成浅层生物气富集中心。由于古水道内部气体的富集，形成超压层。后期由于海平面迅速下降，上覆压力降低时，古水道内富集的超压气体易突破上覆的欠压实、未固结的深海泥质沉积地层，渗漏到海底（Bertoni 等，2013）。在气体不断向海底渗漏的过程中，海底就会变得疏松并形成凹坑。流体是沿着古水道沉积渗漏的，所以孤立的海底麻坑会在古水道上方密集分布，形成和水道形状相类似的条带状。

总之，由于海底环境的变化多端，对于海底麻坑的形成机制各不相同，但是基本上都是地层中的流体在压力差的作用下，在某种运移通道中发生渗漏或喷发形成的。

第四节 小　结

（1）研究区海底识别出大量海底麻坑，并根据麻坑分布特点，将其分为孤立麻坑和条带状海底麻坑。海底麻坑在地震剖面上具有“U”形或“V”形地震反射特征。海底麻坑下部同相轴具有振幅增强，同相轴下拉特征。顺条带状海底麻坑轴向地震剖面显示，条带状海底麻坑呈脊－槽相间地形特征。由 NE 至 W 方向，海底麻坑的深度和宽度均呈不规则变化。麻坑壁的坡度向海盆一侧较陡，而向陆架一侧较缓。

（2）单一海底麻坑面积 0.2 ~0.6km，麻坑深度约 20 ~60m。条带状海底麻坑由大量单一麻坑聚集而成，长 8 ~12km，宽 0.8 ~1.2km。

（3）在条带状海底麻坑下方地层中见典型的宽达 2km 的“U”形强振幅充填地震相，推测该地震相为古埋藏重力流水道。条带状海底麻坑分布于古深水水道上方海底处，其形成与古深水水道密切相关。并建立本地区条带状海底麻坑形成演化模式。古深水重力流水道内富集的浅层生物气的渗漏致使其上方泥质盖层疏松形成麻坑也可能导致海底滑坡，进而形成新的重力流水道。

第九章　满岸流量是深水水道形态和构型的主控因素

满岸流量（Bankfull discharges）决定了深海水道形态和构型，然而截至目前，人们对此尚未充分认识。水道形态与满岸流量之间的幂函数关系以及水道构型与满岸流量之间的对数关系证明了这一假设。我们将这种关系以三种方式应用于赤道几内亚的 Rio Muni 深水水道。首先，约 $1.1\times10^4\sim6.9\times10^4 m^3/s$ 的相对低流量的稀释浊流，往往使水道限定能力增强，水道底部沉积，并阻止浊流的横向扩散。相应地，正如先前对该陆坡区相对早期水道研究结果一样，水道充填加积阶段，水道的深度和弯曲度（*SI*）会减小。与侧向迁移水道相比，这些垂向加积水道［由水道轨迹的相对角度（T_c）表示，47.2°~81.0°］更窄（平均634m），更薄（平均23m），更顺直（弯曲度平均值 = 1.17）。其次，相对高流量的浊流（约 $4.4\times10^4\sim15.8\times10^4 m^3/s$），降低水道的限定能力，并使浊流对水道侵蚀能力和侧向迁移能力增强。随着水道的侧向迁移，水道的深度和弯曲度增大，并形成侧向迁移的水道带（低水道轨迹角度，21.8°~49.0°），比垂向加积水道更宽（1.5 倍），更厚（2 倍）且更弯曲（1.2 倍）。第三，浊流流量的减小导致水道构型由侧向迁移向垂向加积转化，伴随侧向迁移 - 垂向加积水道轨迹。

Shepard（1936）首次强调海底峡谷或深水水道。深水水道长期以来一直是深水沉积学和地层学关注的焦点（Wynn 等，2007；Peakall 等，2015；De Leeuw 等，2016）。这是因为它们：①作为输送海底的沉积物的主要通道，在地球上形成最大的沉积物堆积体（Posamentier 和 Walker，2006；Peakall 和 Sumner，2015；De Leeuw 等，2016）；②作为主要油气储层，具有重要的经济地位（Mayall 等，2006；Janocko 等，2013）；③保存了重要古气候和古海洋信息（Gingele 等，2004；Gong 等，2016）；④向深海输送营养物和碳的重要通道（Galy 等，2007；De Leeuw 等，2016；Reimchen 等，2016）。尽管深水水道非常重要并研究多年，与陆相河流研究相比，但我们对深水水道的认识仍然相对薄弱（Peakall 等，2012；Jobe 等，2016）。深水水道是浊流和不断演变的海底动态相互作用的结果（De

Leeuw 等，2016）。然而，浊流的满岸流量（Q）如何控制水道形态和构型仍然不清楚。本研究利用来自西非赤道几内亚里 Rio Muni 盆地的三维（3D）地震数据开展以下两方面的研究：①研究深水水道的运动学特征及其构型样式、形态特征；②研究浊流流量如何影响深水水道的形态和侧向迁移－垂向加积式沉积构型。这项研究的结果有助于更好地理解水道满岸流量对深水水道的运动学特征和沉积构型的影响。

第一节　地质概况

研究区位于西非赤道几内亚的 Rio Muni 盆地，目前水深 50～2000m，毗邻 Jobe 等（2011）研究区。该大陆边缘从白垩纪至今发育的峡谷，Jobe 等（2011）重点研究了现代 Rio Benito 峡谷体系。赤道几内亚大陆边缘的平均陆架宽度约 18km，现今陆架坡折水深约 100m（图 9－2）（Jobe 等，2011）。现今赤道几内亚陆坡坡度较大，平均坡度高达 2.5°（图 9－2）（Pratson 和 Haxby，1996）。本章 Rio Muni 盆地研究区没有直接连接目前西非大陆的主要水系（图 9－1 所示的 Mitemeleo 和 Benito 河流；另见 Jobe 等，2011）。

Rio Muni 盆地具有复杂的构造地层，主要经历了 3 期构造－地层演化阶段：117～106 Ma 裂谷阶段，106～89Ma 裂谷－漂移过渡阶段，89Ma～至今漂移阶段（Turner，1995；Meyers 等，1996；Jobe 等，2011）。因此，Rio Muni 盆地充填演化可分为三个主要的超层序；阿普第阶－中阿尔必阶早裂陷期超层序，晚阿尔必阶－土仑阶裂谷－漂移过渡期超层序，以及桑托阶－科尼亚克阶至第四纪漂移期超层序（Turner，1995；Meyers 等，1996；Jobe 等，2011）。Rio Muni 盆地的裂陷活动起始于阿普第阶，大约 117 Ma，伴随着腐泥湖相烃源岩和蒸发岩沉积物的发育（Lehner 和 De Ruiter，1977）。裂陷－漂移过渡阶段始于晚阿尔必阶（约 106Ma），在土仑阶（89Ma）结束，期间浅海碳酸盐岩和碎屑岩发育良好（Lehner 和 De Ruiter，1977）。随后，Rio Muni 盆地从桑托阶－科尼亚克阶到第四纪演化为成熟的被动大陆边缘，在此期间，“典型的”深水沉积体系和同时期的浅水沉积体系相当普遍（Lehner 和 De Ruiter，1977；Jobe 等，2011）。研究区现代海底地形图（图 9－2）和地震剖面［图 9－1（b）、图 9－3（a）和图 9－3（b）］揭示在桑托阶－科尼亚克阶到第四纪漂移超层序内发育大量深水水道（C1～C9）。Rio Muni 水道（C1～C9）横剖面具有典型的 V 形或 U 形特征［图 9－1（d）、图

9-3和图9-4 (b)]，平面呈单一、狭窄、东-西向展布、高弯曲度或低 RMS 振幅特征 [图9-5 (a)，图9-6]。本章重点关注地震数据所展示的 C1 和 C2 两个深水水道 (图9-2，图9-3)。

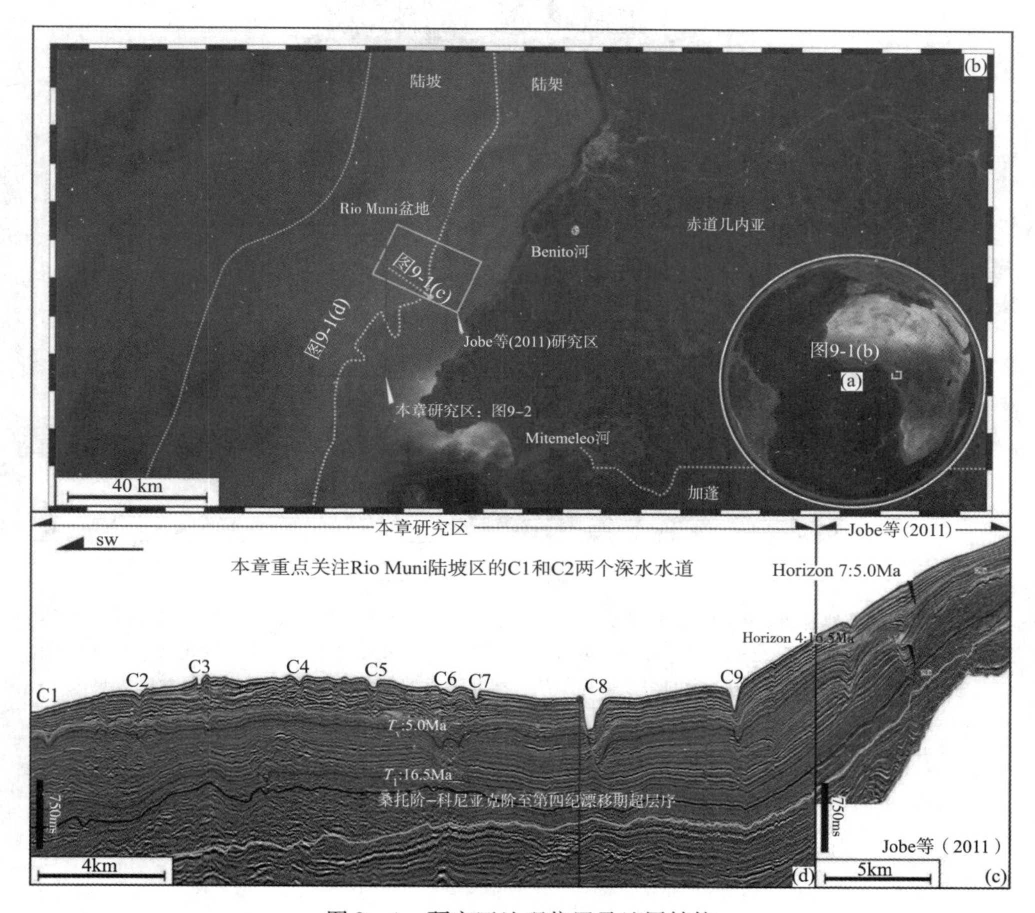

图9-1 研究区地理位置及地层结构

注：图中，(a) 西非大陆边缘 Rio Muni 盆地研究区地理概况 [具体位置见图9-1 (b)]；(b) 西非大陆边缘平面图——本章研究区的地质概况，Jobe 等 (2011) 研究区位置，以及图9-1 (c) 和图9-1 (d)中所示的区域任意线位置；(c) 和 (d) 区域任意线 [图9-1 (b) 标注了任意线位置] 表示 Rio Muni 大陆边缘地层结构。图9-1 (c) 和图9-1 (d) 的任意线表示 T_v 和 T_1 两个不整合面分别对应 Horizon 4 (16.5Ma) 和 Horizon 7 (5.0Ma)(Jobe 等，2011)。图9-1 (c) 的地震线源自 Jobe 等 (2011)。

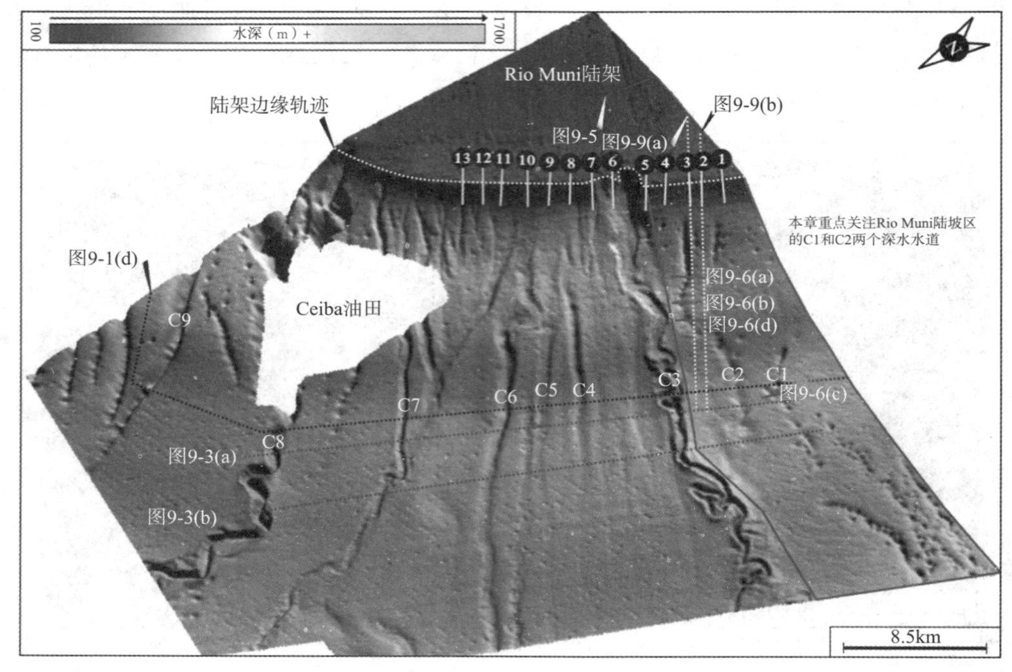

图 9－2　研究区现代海底地形图

注：研究区的盆地地貌和图 9－3（a）、图 9－3（b）、图 9－6（a）、图 9－6（b）、图 9－6（c）、图 9－6（d）、图 9－7（a）、图 9－7（b）、图 9－7（c）、图 9－7（d）、图 9－10（a）和图 9－10（b）的平面位置；黄线表示 13 个选定的用于计算陆架边缘轨迹参数的剖面平面位置（计算数据详见表 9－3）。C1 和 C2 水道是本章重点研究对象。

第二节　三维地震数据和方法原理

一、地震数据解释

本章主要利用 Rio Muni 盆地 ~1400Km^{2}的三维地震数据［图 9－1（b）］。零相位三维地震数据反极性（SEG 标准）显示，正反射系数对应波峰。道间距 12.5m × 12.5m，采样率 2ms。地震频率随深度变化，目的层主频 ~50Hz，垂向（λ/ 4）分辨率 10m，可探测厚度（λ/ 25）~1m，横向分辨率 50m。利用二维地震相分析和三维地震地貌学方法对研究区水道的构型、形态和运动学特征进行研究。浅层沉积物和海水速度分别以 2000m/s 和 1500m/s 将水道形态参数进行时－

深转换（Jobe 等，2011）。尽管这种直接将地震剖面的测量数据转换为形态参数尚存正一些不确定性，但目前这种方法在地震资料解释和浅层沉积体系研究中被广泛采用（Jobe 等，2011；Janocko 等，2013；Jackson 等，2014；Gong 等，2017）。此外，由于单个水道带通常低于地震数据分辨率（Sylvester 等，2011；Fildani 等，2013），地震数据识别的用来测量水道形态参数的横剖面［图 9－5（b）、图 9－7（a）和图 9－7（d）中虚线显示的 V 形或 U 形］是多个水道带的复合体。

利用区域任意线［剖面位置见图 9－1（b）］，两个不整合（即 T_v 和 T_1）可以在整个研究区追踪对比，并且可以与 Jobe 等（2011）的研究区对比。该任意线剖面由 Jobe 等（2011）的图 9－7（a）地震剖面［图 9－1（c）］和研究区三维地震数据剖面［图 9－1（d）］组成。生物地层数据（Jobe 等，2011），显示 T_v 和 T_1 两个不整合面分别对应 Horizon 4（16.5Ma）和 Horizon 7（5.0Ma）。因此，T_v 和 T_1 分别对应 16.5Ma 和 5.0Ma［图 9－1（d）、图 9－3（a）］。

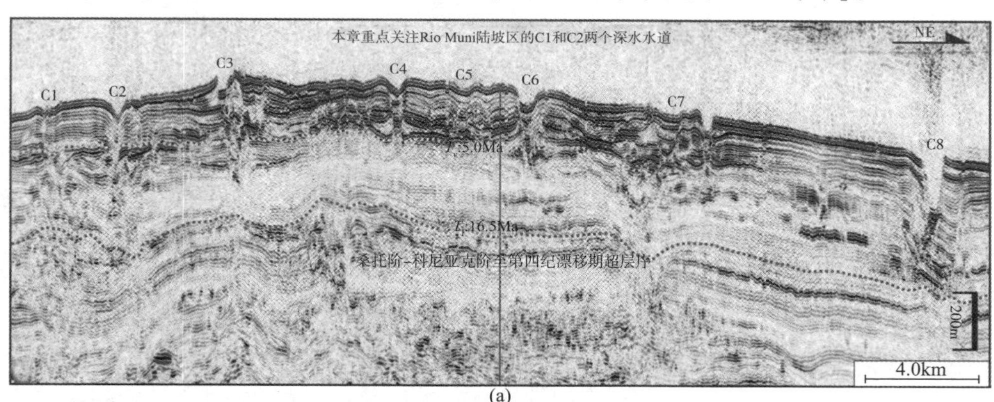

(a)

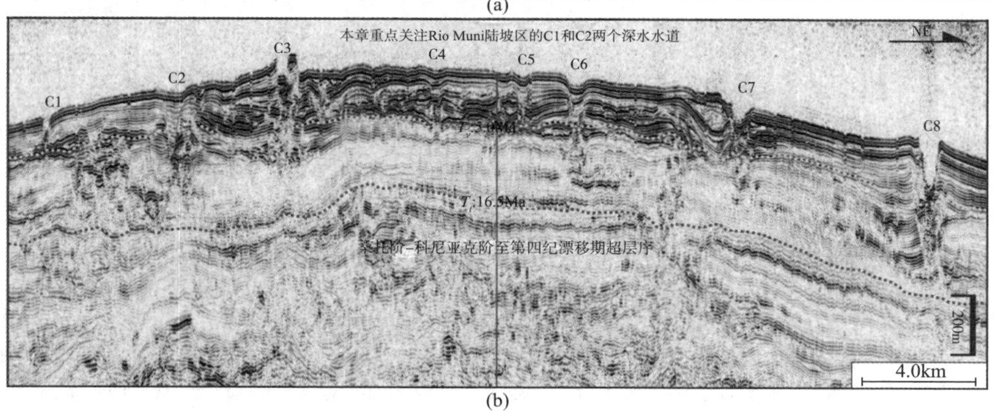

(b)

图 9－3 沿沉积走向的区域二维地震剖面

注：剖面展示了 Rio Muni 陆坡区发育的 8 条深水水道（C1～C8）（测线位置见图 9－2）。

二、定量分析

Konsoer 等（2013）将满岸深水水道与形成流流量建立联系，为了定量化研究 Rio Muni 水道形态和构型参数，本次研究使用了该数值方法［图 9－5（a）、图 9－5（b）］。关键参数主要有：①满岸宽度（B）——水道堤岸间的最大水平距离（图 9－5）；②满岸深度（H）——水道底到水道堤岸的最大垂直落差［图 9－5（b）］，③满岸宽深比（B/H）——满岸宽度与满岸深度之比；④弯曲度（SI）——水道谷底线长度（沿水道轴的长度）与水道长度之比（L，水道起始点之间的直线距离）［图 9－5（a）］；⑤水道轨迹角度（T_c）——公式（9－1）；⑥侧向迁移与垂向加积比（L_m/V_a）——公式（9－2）。

$$T_c = \arctan(dy/dx) \tag{9-1}$$

$$L_m/V_a = dx/dy \tag{9-2}$$

式中，dx 和 dy 分别为水道生长轨迹的横向和垂直分量［图 9－5（b）］。

深水水道浊流流速（v）可由修改后的 Chezy 方程估算［公式（9－3）］，量纲一致性方程：

$$v^2 = \frac{R \times C \times g \times H}{R_i} \tag{9-3}$$

其中，$R = (\rho_{sed} - \rho_w)/\rho_w$，（$\rho_{sed}$和$\rho_w$分别为沉积物密度和纯水密度（$\rho_{sed}=1.8$ g/cm^3，$R=0.8$）；C 是沉积物浓度（C：0.002～0.006，Konsoer 等，2013；Xu 等，2014）；g 是重力加速度（约 9.8m/s^2）；H 是满岸深度；R_i是理查森数，以通过公式（9－5）和公式（9－6）迭代求解：

$$0 = \frac{SC_{fb}^{-1}}{1 + \frac{e_w(1+0.5R_i)}{C_{fb}}} - \frac{1}{R_i} \tag{9-4}$$

$$e_w = \frac{0.075}{\sqrt{1 + 718R_i^{2.4}}} \tag{9-5}$$

式中，卷吸系数（e_w）为周围海水卷入浊流的无量纲系数；海底摩擦系数（C_{fb}）（C_{fb}=0.002 和 0.005，Konsoer 等，2013）；S 是深水水道坡度。深水水道浊流的满岸流量（Q）可由公式（9－6）计算：

$$Q = v \times B \times H \tag{9-6}$$

为了求解浊流水动力学参数［公式（9－3）～公式（9－6）］，我们开发古水道流数值模拟软件（Paleo-channel Flow Simulation）（图 9－4）。该软件用于计算具有侧向迁移－垂向加积轨迹的深水水道满岸流量（表 9－1、表 9－2）。平均满岸流量分别与满岸宽度（B）、满岸深度（H）、满岸宽深比（B/H）、水道弯曲度（SI）以及水道迁移轨迹角度（T_c）进行交汇。该方法很好地解释了满岸流量如何影响水道形态参数（B、H、B/H 和 SI）和较长期的水道构型（T_c）。本次以水道带尺度对 2 个沉积构型样式相近、成因有联系的水道充填沉积体系（单一水道充填－废弃旋回）进行测量。本次研究共选择和测量 20 个水道横剖面，其中，13 条过 C1 水道弯曲带顶点的横剖面（剖面 1～13，图 9－6）和 7 条过 C2 水道弯曲带顶点的横剖面（剖面 14～20，图 9－6）。所选水道横剖面的平面位置见图 9－6，其构型和形态参数见表 9－1 和表 9－2。

图 9－4　古水道流数值模拟软件主界面

表 9－1　Rio Muni 盆地早期侧向迁移水道带的形态、构型和浊流水动力参数表

序号	数值	坡度	B/m	H/m	B/H	T_c/(°)	L_m/V_a	SI	R_i	v/(m/s)	Q/(10^4 m³/s)
1	范围	0.0188	845	36	23.5	33.7	1.7	1.29	0.52～0.61	0.90～3.98	2.7～12.1
	平均值								0.57	1.89	5.7
2	范围	0.0819	896	46	19.4	27.2	2.1	1.37	0.24～0.26	1.57～2.84	6.5～11.7
	平均值								0.25	2.11	8.7
3	范围	0.0258	1161	56	20.6	34.5	1.7	1.42	0.43～0.50	1.24～3.84	8.1～25.2
	平均值								0.47	2.18	14.3
4	范围	0.0694	973	61	15.8	21.8	2.6	1.52	0.26～0.28	1.73～3.14	10.4～18.7
	平均值								0.27	2.31	13.8
5	范围	0.0282	990	46	21.4	34.8	1.6	1.22	0.41～0.48	1.16～4.71	5.3～21.6
	平均值								0.45	2.31	10.6
6	范围	0.0634	1055	48	22.1	36.3	1.6	1.33	0.27～0.30	1.49～4.78	7.5～24.0
	平均值								0.28	2.63	13.2

续表

序号	数值	坡度	B/m	H/m	B/H	T_c/(°)	L_m/V_a	SI	R_i	v/(m/s)	Q/($10^4 m^3/s$)
7	范围	0.0179	880	56	15.8	30.9	1.9	1.36	0.53~0.63	1.10~3.80	5.4~18.6
	平均值								0.58	2.04	10.0
8	范围	0.0267	841	28	29.6	43.4	1.3	1.28	0.43~0.49	0.88~3.65	2.5~8.5
	平均值								0.46	1.78	4.1
9	范围	0.0279	890	41	21.5	24.3	2.4	1.48	0.42~0.48	1.09~4.07	4.0~15.0
	平均值								0.45	2.09	7.7
10	范围	0.0167	851	52	16.4	34.1	1.7	1.23	0.55~0.66	1.04~2.03	4.6~8.9
	平均值								0.61	1.54	6.8
11	范围	0.0482	862	44	19.8	35.5	1.6	1.27	0.31~0.35	1.32~3.89	4.9~14.6
	平均值								0.33	2.25	8.5
12	范围	0.0274	866	31	27.7	34.1	1.7	1.30	0.42~0.48	0.94~5.17	2.6~14.0
	平均值								0.45	2.22	6.0
13	范围	0.0401	1113	62	18.0	34.1	1.7	1.24	0.34~0.38	1.49~3.35	10.3~23.1
	平均值								0.36	2.29	15.8
14	范围	0.0459	768	28	27.7	49.0	1.3	1.14	0.32~0.36	1.05~6.62	2.3~14.4
	平均值								0.34	2.67	5.8
15	范围	0.0306	978	46	21.5	27.9	2.1	1.45	0.40~0.45	1.18~2.18	5.2~9.7
	平均值								0.42	1.62	7.2
16	范围	0.0276	938	50	18.8	29.0	2.0	1.49	0.42~0.48	1.19~4.03	5.6~18.8
	平均值								0.45	2.18	10.2
17	范围	0.0513	933	34	27.1	30.9	1.9	1.40	0.30~0.33	1.19~3.02	3.8~9.7
	平均值								0.32	1.91	6.1
18	范围	0.0193	1056	41	25.7	25.8	2.2	1.60	0.51~0.60	0.97~4.07	4.2~17.7
	平均值								0.56	1.98	8.6
19	范围	0.0512	1051	37	28.4	35.4	1.6	1.26	0.30~0.33	1.23~3.09	4.8~12.0
	平均值								0.32	1.97	7.7
20	范围	0.0517	848	51	16.6	33.7	1.7	1.29	0.30~0.33	1.45~3.72	6.3~16.1
	平均值								0.32	2.34	10.1
最小值		0.0167	768	28	15.8	21.8	1.3	1.14	0.25	1.54	4.1

续表

序号	数值	坡度	B/m	H/m	B/H	T_c/(°)	L_m/V_a	SI	R_i	v/(m/s)	Q/($10^4 m^3$/s)
最大值		0.0819	1161	62	29.6	43.4	2.6	1.60	0.61	2.67	15.8
平均值		0.0375	940	45	21.8	32.5	1.8	1.35	0.41	2.11	9.0
中值		0.0280	914	46	21.4	33.9	1.7	1.32	0.43	2.15	8.5
标准差		0.0187	105	10	4.4	5.5	0.3	0.12	0.11	0.29	3.2

注：坡度—两个横剖面的海底高程差除以水平距离得出水道坡度；B—满岸宽度；H—满岸深度；B/H—满岸宽深比；θ—水道轨迹角度；L_m/V_a—侧向迁移与垂向加积比；R_i—理查森数；v—深水水道浊流流速；Q—满岸流量。$R=(\rho_{sed}-\rho_w)/\rho_w$（$\rho_{sed}$和$\rho_w$分别为沉积物密度和纯水密度）（$\rho_{sed}=1.8\ g/cm^3$，$R=0.8$；$C$是沉积物浓度（$C$的范围是0.002~0.006，Konsoer等，2013）；C_{fb}是海底摩擦系数（C_{fb}=0.002和0.005，Konsoer等，2013）；g是重力加速度（9.8m/s）。表中数字1~20代表图9-6（a）和图9-6（b）的水道横剖面。

表9-2 Rio Muni盆地晚期垂向加积水道带的形态、构型和浊流水动力参数表

序号	数值	坡度	B/m	H/m	B/H	T_c/(°)	L_m/V_a	SI	R_i	v/(m/s)	Q/($10^4 m^3$/s)
1	范围	0.1315	619	21	29.4	65.8	0.9	1.06	0.18~0.20	1.21~6.28	1.6~8.2
	平均值								0.19	2.73	3.6
2	范围	0.0814	568	22	26.0	52.2	1.1	1.37	0.24~0.26	1.08~6.33	1.3~7.9
	平均值								0.25	2.62	3.3
3	范围	0.1104	583	23	25.4	47.2	1.2	1.56	0.20~0.22	1.21~5.61	1.6~7.5
	平均值								0.21	2.56	3.4
4	范围	0.0861	700	22	32.0	66.4	0.9	1.07	0.23~0.25	1.10~7.86	1.7~12.1
	平均值								0.24	3.02	4.6
5	范围	0.0694	593	16	37.4	73.3	0.8	1.06	0.26~0.28	0.88~8.23	0.8~7.7
	平均值								0.27	2.91	2.7
6	范围	0.0234	636	28	22.3	49.0	1.2	1.47	0.46~0.53	0.86~2.52	1.5~4.6
	平均值								0.50	1.47	2.7
7	范围	0.0458	748	25	29.9	61.7	0.9	1.07	0.32~0.36	0.98~5.01	1.8~9.4
	平均值								0.34	2.20	4.1
8	范围	0.0570	592	31	19.1	49.5	1.2	1.18	0.28~0.31	1.17~4.87	2.1~9.0
	平均值								0.30	2.35	4.3

续表

序号	数值	坡度	B/m	H/m	B/H	T_c/(°)	L_m/V_a	SI	R_i	v/(m/s)	Q/($10^4 m^3/s$)
9	范围	0.0638	590	22	26.8	69.8	0.8	1.03	0.27～0.29	1.01～4.76	1.3～6.2
	平均值								0.28	2.17	2.8
10	范围	0.0443	592	19	31.6	56.3	1.0	1.26	0.33～0.36	0.84～3.31	0.9～3.7
	平均值								0.34	1.65	1.8
11	范围	0.0874	500	11	44.6	76.4	0.8	1.08	0.23～0.25	0.79～4.88	0.4～2.7
	平均值								0.24	1.98	1.1
12	范围	0.0178	496	13	37.8	65.3	0.9	1.04	0.81～1.03	0.42～5.11	0.3～3.3
	平均值								0.92	1.70	1.1
13	范围	0.0310	873	30	29.1	61.9	0.9	1.06	0.39～0.45	0.96～6.82	2.5～17.9
	平均值								0.42	2.64	6.9
14	范围	0.0173	582	13	44.7	81.0	0.7	1.04	0.54～0.65	0.53～11.7	0.4～8.9
	平均值								0.59	3.45	2.6
15	范围	0.0335	798	25	32.4	51.4	1.1	1.24	0.38～0.43	0.89～4.20	1.7～8.3
	平均值								0.40	1.92	7.2
16	范围	0.0346	558	27	20.7	55.7	1.0	1.37	0.37～0.42	0.94～4.76	1.4～7.2
	平均值								0.40	2.11	3.2
17	范围	0.0300	762	35	22.1	58.9	1.0	1.07	0.40～0.46	1.02～5.79	2.7～15.2
	平均值								0.43	2.44	6.4
18	范围	0.0736	578	23	25.4	61.0	0.9	1.06	0.25～0.27	1.07～5.52	1.4～7.3
	平均值								0.26	2.41	3.2
19	范围	0.0265	685	33	20.7	57.1	1.0	1.13	0.43～0.49	0.96～4.47	2.2～10.1
	平均值								0.46	2.06	4.7
20	范围	0.0169	631	29	21.5	63.9	0.9	1.11	0.55～0.66	0.78～5.69	1.4～10.5
	平均值								0.60	2.20	4.1
最小值		0.0169	496	11	19.1	47.2	0.7	1.03	0.19	1.47	1.1
最大值		0.1315	873	35	44.7	81.0	1.2	1.56	0.92	3.45	6.9
平均值		0.0541	634	23	28.9	61.2	1.0	1.17	0.38	2.33	3.5
中值		0.0450	593	23	28.0	61.4	0.9	1.07	0.34	2.27	3.4
标准差		0.0329	98	7	7.6	9.3	0.1	0.16	0.17	0.49	1.5

第三节 水道构型和形态定量研究

所选的20条水道横剖面中存在明显的水道横向迁移趋势，主要识别出两类水道生长轨迹［图9－5（b）和图9－7（a）～图9－7（d）］。每类水道生长轨迹都与特定的水道构型样式和水道形态特征有关。

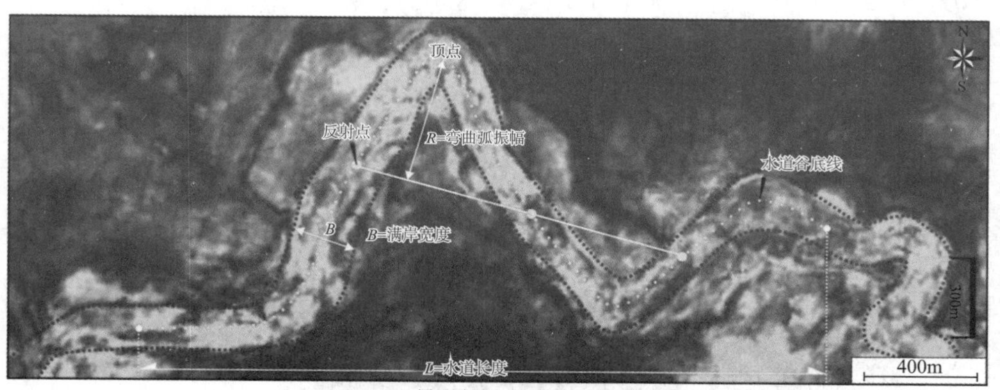

(a)10.0Ma界面上沿16ms均方根振幅图

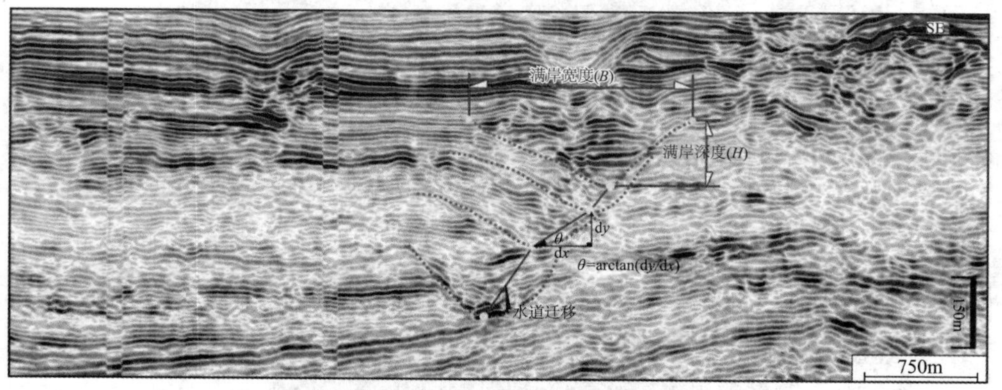

(b)阐明计算水道运动学及形态特征参数的地震剖面

图9－5 10.00Ma界面上沿16ms均方根振幅图和阐明计算水道运动学及形态特征参数的地震剖面

一、侧向迁移水道轨迹和伴生的侧向叠置样式

第一类水道轨迹——侧向迁移水道轨迹由侧向迁移和堆积的单个水道带组成［图9－5（b）和图9－7（a）~图9－7（d）］。侧向迁移水道轨迹在图9－5（b），图9－7（a）~图9－7（d）中由黄色圆点标注，该类水道轨迹主要发育在水道C1和C2充填的下部。与下文所述的垂直加积水道轨迹的角度相比，侧向迁移水道轨迹角度（T_c）相对较低，大约22°~49°，平均值$T_c=33°$，标准偏差（SD）$T_c=\pm6.5°$［图9－8（a）和图9－8（b）；表9－1］。

从构型上来看，上述具有侧向迁移轨迹的水道以保存良好的水道边缘相和侧向叠置的水道充填相为特征［图9－4（b），图9－6（a）~图9－6（d）］。此外，它们有规律的横向迁移，并具有相对较高的L_m/V_a值，1.2~2.6，平均$L_m/V_a=1.8$，标准偏差$L_m/V_a\pm0.4$［图9－7（b）中的暖色点；表9－1］。所有这些观察指示有规律的横向迁移叠置样式。

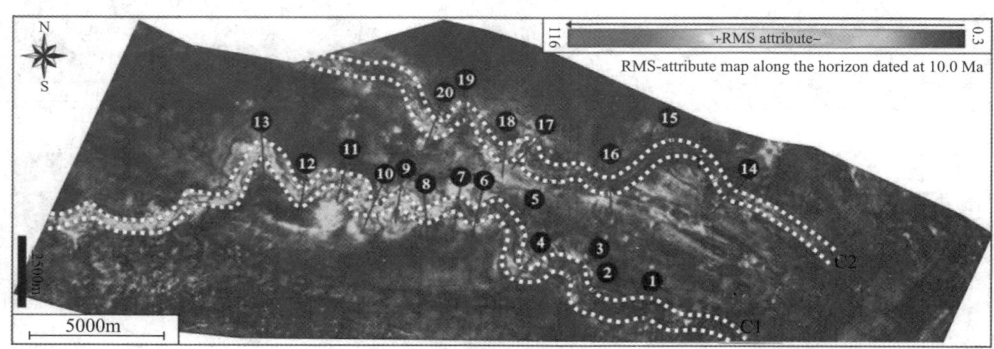

(a)10.0Ma上沿16ms均方根振幅图

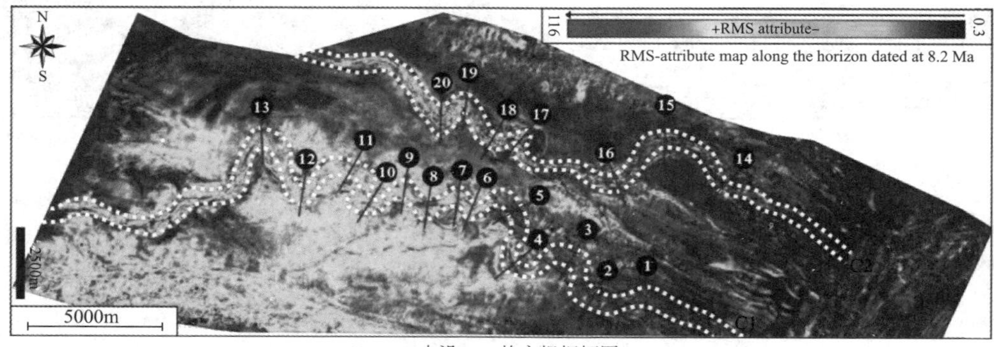

(b)8.2Ma上沿16ms均方根振幅图

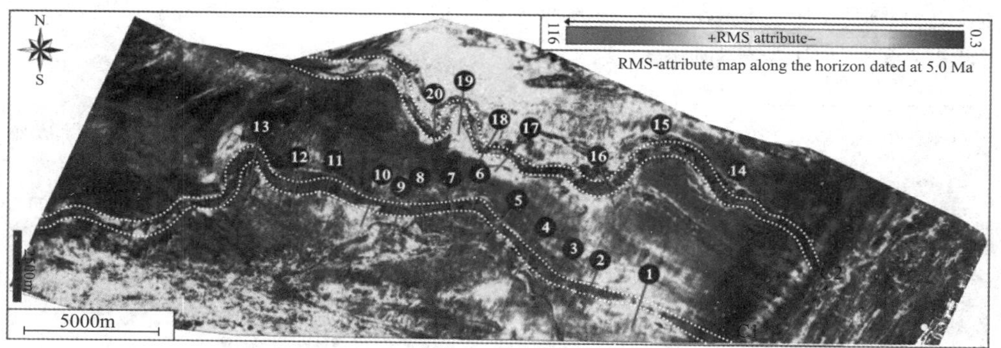

(c)5.0Ma上沿16ms均方根振幅图

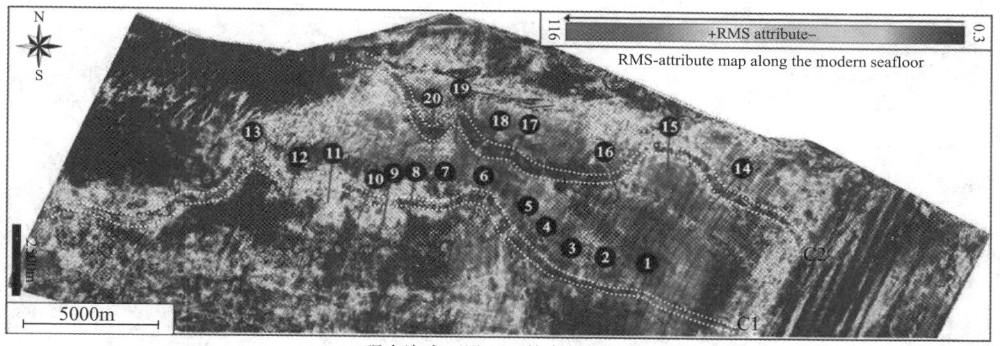

(d)现今海底下沿16ms均方根振幅图

图9－6　研究区C1和C2水道平面形态

注：图9－6（a）、图9－6（b）、图9－6（c）和图9－6（d）上的红线分别表示用于计算侧向迁移－垂直加积水道的运动学和形态参数的20条水道横剖面的平面位置。

二、垂向加积水道轨迹和伴生的垂向加积叠置样式

第二类水道轨迹——垂向加积叠置样式由垂向上迁移、相互套叠的独立水道带组成［图9－7（a）～图9－7（d）］。垂向加积叠置水道轨迹在图9－7（a）～图9－7（d）中由蓝色圆点标注，该类水道轨迹主要发育在C1和C2水道充填的上部。水道轨迹角度（T_c）相对较大，47.2°～81.0°，平均T_c＝61.2°，标准偏差T_c＝±9.3°［图9－8（a）；表9－2］。水道带生长路径起初以侧向迁移为主，后期迁移轨迹则以垂向加积为主［图9－7（a）～图9－7（d）］。

从构型上来看，上述具有垂向加积轨迹的水道以垂向加积和相互套叠为特征［图9－7（a）～图9－7（d）］。此外，这些水道有规律的垂直加积，与上述侧向迁移水道带相比，具有相对低的L_m/V_a值，0.7～1.2，平均L_m/V_a＝1.0，标准偏

差 L_m/V_a ±0.1［图 9－8（b）中的冷色点；表 9－2］。所有这些观察都展示了有规律的垂向加积叠置的水道样式。

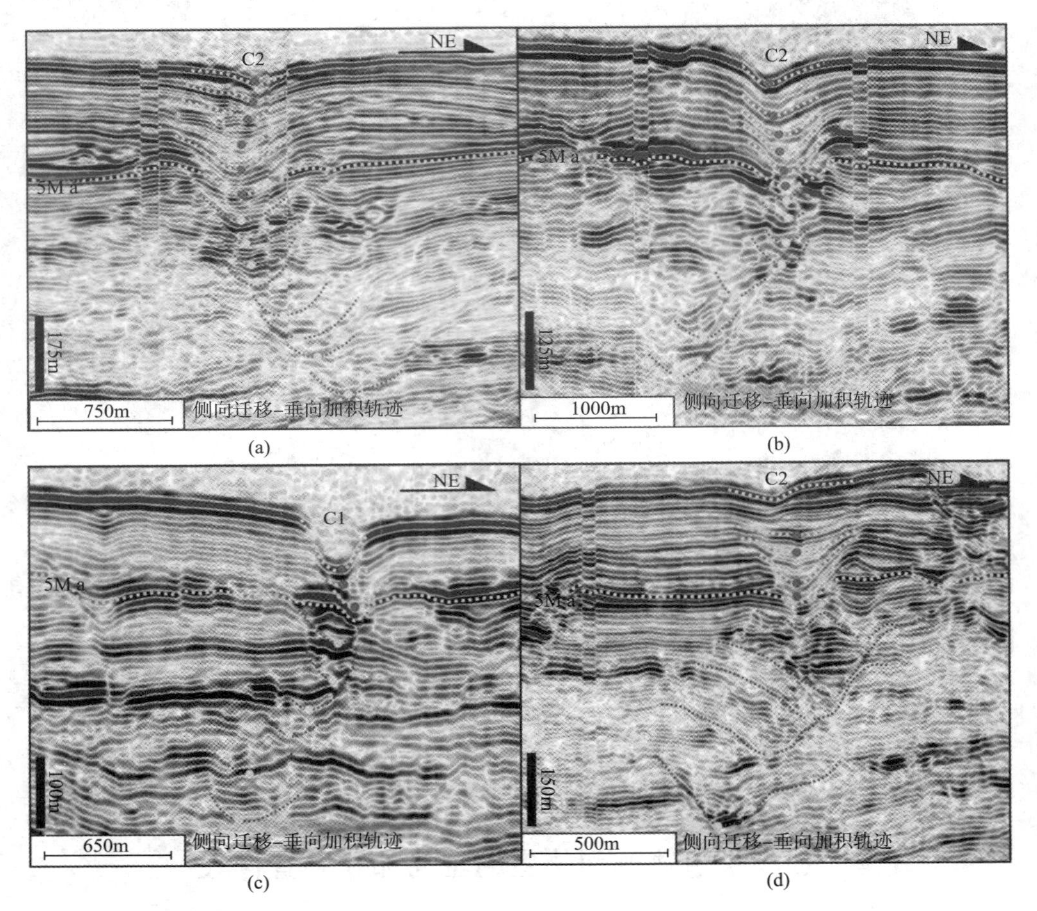

图 9－7　展示深水水道运动学、形态、构型样式的过 Rio Muni C1 和 C2 水道弯曲带顶点的地震剖面（剖面位置见图 9－2）

注：早期侧向迁移水道带的侧向迁移－晚期垂向加积水道带的垂向加积水道轨迹（分别为黄色和蓝色点）。

三、道形态特征：高弯曲度、宽水道与低弯曲度、窄水道

从平面上来看，早期侧向迁移水道带表现为较高的弯曲度（SI = 1.14 ~ 1.60，平均 1.34）［图 9－8（a）中的暖色点；表 9－1］，显示弯曲的水道路径［图 9－6（a）、图 9－6（b）］。与侧向迁移水道相比，晚期垂向加积水道带具有较低的弯曲度（SI =1.03 ~ 1.56，平均 1.17）［图 9－8（a）中的冷色点；表 9－2］，呈现低弯曲度的水道路径［图 9－6（c）、图 9－6（d）］。因此，侧向迁移阶段的

水道带的弯曲度比垂向加积阶段的水道带更大（1.2 倍）[图9－8（b)]。

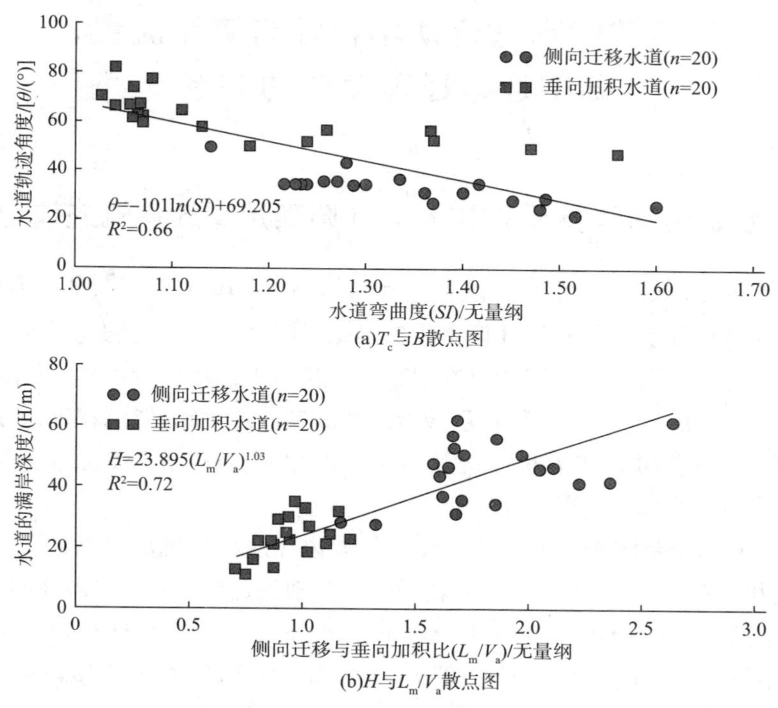

图9－8　T_c与 B 散点图和 H 与 L_m/V_a 散点图

注：暖色点和冷色点分别表示侧向迁移和垂向加积的水道带。

从水道剖面来看，侧向迁移的水道带宽度（B）为 768～1161m（平均 940m），深度（H）为 28～62m（平均为 45m），较低的宽深比（B/H =15.8～29.6，(平均 21.9）[图9－8（b)、图9－9（a）中的橙色点；表9－1]。与侧向迁移的水道相比，垂向加积的水道带的宽度 B 为 496～873m（平均 634m），H 为 11～35m（平均 23m），相对较高的宽深比（B/H =19.1～44.7，平均 28.9）[图9－8（b)、图9－9（a）中的蓝点；表9－2]。对比分析水道带宽度和深度发现，侧向迁移的水道带的宽度和厚度分别是垂向加积水道带的 1.5 和 2 倍［图9－8（b)]。40 组水道宽度和深度散点图［图9－9（a)］表明 B 和 H 具有较强的幂函数关系，如下：

$$H = 0.0001(B)^{1.563} \qquad (R^2 = 0.73) \qquad (9-7)$$

Konsoer 等（2013 年）也阐述了深水水道 B 和 H 之间的幂函数关系。

第四节　水道运动学特征与满岸流量、陆架边缘迁移轨迹的联系

一、水道运动学特征与 Rio Muni 陆架边缘迁移轨迹耦合关系

两个盆地范围的不整合［T_v和T_1，分别如图 9－10（a）、图 9－10（b）中的红色和黄色虚线所示］将上述两类水道运动学样式（侧向迁移与垂直加积）T_1彼此分开。此外，研究区水道整个沉积序列也起始于盆地范围不整合T_1［图 9－10（a）、图 9－10（b）］。在顶积层或 Rio Muni 陆架边缘陆架沉积地层或沉积过路系统中，不整合面T_v和T_1也对应其他重要的地层变化（陆架边缘生长轨迹的变化）［图 9－10（a）、图 9－10（b）］。

侧向迁移水道带沉积期间，Rio Muni 陆架边缘演化呈现出略微向下强进积特征，陆架边缘迁移轨迹呈现为水平或稍微向下的轨迹趋势［图 9－10（a）、图 9－10（b）中的红点］。不整合面T_1将水平或稍微下倾陆架边缘迁移轨迹与年代较老的地层区分开［图 9－10（a）、图 9－10（b）］。陆架边缘迁移轨迹角（T_{se}）范围为－2.2°～－0.7°，平均T_{se}＝－1.6°［图 9－9（b）中的橙色点；表 9－3］。相反，在强加积的水道带沉积期，Rio Muni 陆架边缘发展轨迹呈向上高角度倾斜，即呈现出一种急剧上升陆架边缘轨迹趋势［图 9－10（a）、图 9－10（b）中的黑点］。不整合面T_v急剧上升陆架边缘轨迹与水平、略微下降陆架边缘迁移轨迹分开［图 9－10（a）、图 9－10（b）］。急剧上升陆架边缘迁移轨迹角（T_{se}）的范围 6.5°～10.0°，平均T_{se}＝8.1°［图 9－9（b）中的蓝色点；表 9－3］。

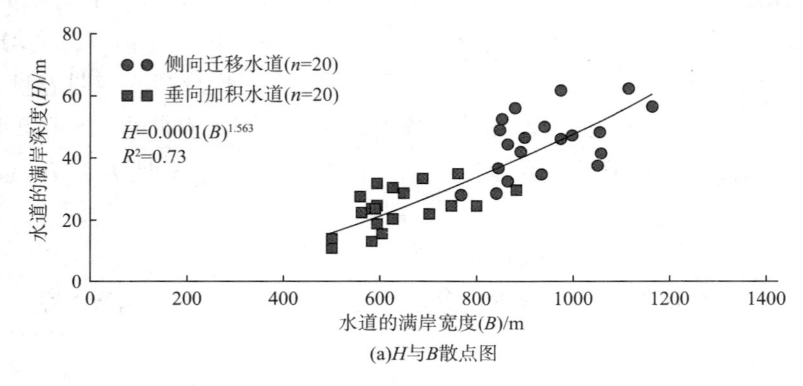

(a)H与B散点图

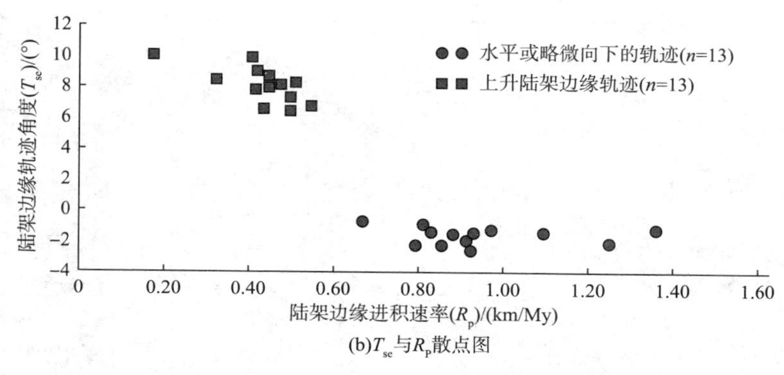

(b)T_{se}与R_p散点图

图9－9 *H*与*B*散点图和T_{se}与R_p散点图

二、满岸流量与 Rio Muni 陆架边缘进积速率关系

利用作者开发的古水道流数值模拟软件（PCFS v1.0 版），计算早期侧向迁移水道带的满岸流量（*Q*）[$4.1\times10^4\sim15.8\times10^4 m^3/s$，平均值 $Q=9.0\times10^4 m^3/s$，图9－11（a）中的暖色点；表9－1]。晚期垂向加积水道带的满岸流量（*Q*）[$1.1\times10^4\sim6.9\times10^4 m^3/s$，平均值为 $Q=3.5\times10^4 m^3/s$，图9－11（a）中的冷色点；表9－2]。频率分布呈现出多峰分布模式［图9－11（a）；表9－2］，并且总体上垂向加积阶段水道满岸流量比侧向迁移的水道的满岸流量低2～3倍。

在 Rio Muni 陆架边缘生长的早期（即16.5～5.0Ma），陆架边缘［图9－10（a）、图9－10（b）中的红点］呈现向海盆方向进积3.35～6.81km，垂向上向下迁移38～223m，总体上，形成一个低速的陆架边缘进积率（R_p）（0.67～1.36km/ky，平均0.94km/my）［图9－11（b）；表9－3］。相比之下，Rio Muni 陆架边缘生长的后期（5.0Ma 至今），陆架边缘［即图9－10（a）、图9－10（b）中的黑点］呈现为向海盆方向进积距离更短（0.87～2.74km），但略微向上的加积［153～355m，图9－11（b）；表9－3］。因此，陆架边缘进积速度（R_p）低［0.17～0.55km/my，平均0.43km/my，图9－11（b）；表9－3］。尽管两个阶段陆架边缘轨迹存在明显的差异，但全球范围来看，Rio Muni 陆架边缘轨迹增长速度非常低，反映了该时期沉积物供给非常低（Carvajal 等，2009）。

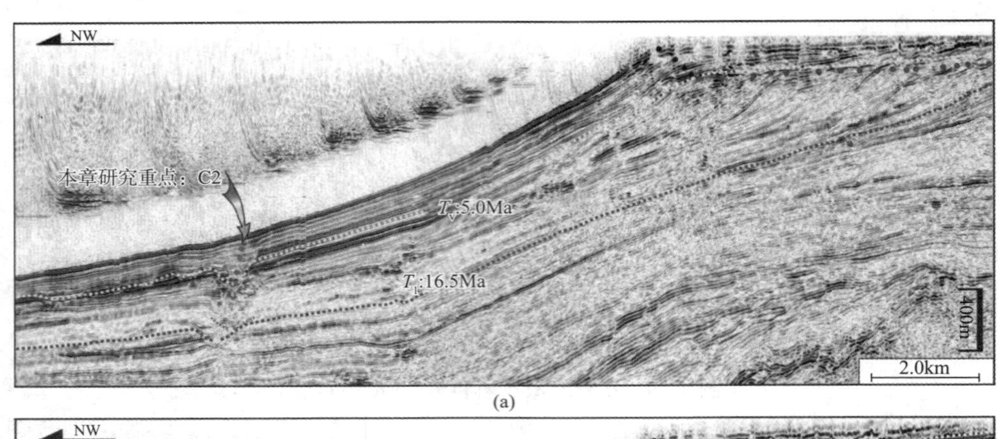

(a)

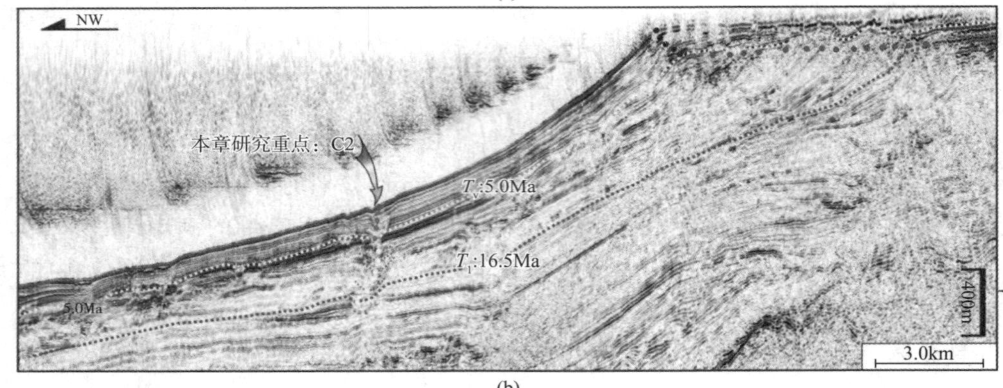

(b)

图 9－10　两类 Rio Muni 陆架边缘生长轨迹样式（剖面位置见图 9－2）

注：红点表示水平、略微下降的陆架边缘迁移轨迹，黑点表示急剧上升陆架边缘迁移轨迹。两个盆地范围的不整合（即 T_1 和 T_v）将这两类陆架边缘轨迹样式彼此分开，且都与特定的水道运动相关（黄点表示侧向迁移，蓝点表示垂向加积）。

表 9－3　16.5Ma 至第四纪 Rio Muni 陆架边缘构型和轨迹参数

序号	水平或稍微下倾陆架边缘迁移轨迹					急剧上升陆架边缘轨迹				
	P/km	A/m	R_p/(km/My)	R_a/(m/My)	T_{se}/(°)	P/km	A/m	R_p/(km/My)	R_a/(m/My)	T_{se}/(°)
1	3.35	－38	0.67	－8	－0.7	0.87	153	0.17	31	10.0
2	4.30	－154	0.86	－31	－2.0	2.12	293	0.42	59	7.9
3	4.82	－120	0.96	－24	－1.4	1.61	239	0.32	48	8.4
4	4.41	－122	0.88	－24	－1.6	2.18	249	0.44	50	6.5
5	4.17	－106	0.83	－21	－1.5	2.16	336	0.43	67	8.8
6	4.10	－90	0.82	－18	－1.3	2.47	288	0.49	58	6.6

续表

序号	水平或稍微下倾陆架边缘迁移轨迹					急剧上升陆架边缘轨迹				
	P/km	A/m	R_p/(km/My)	R_a/(m/My)	T_{se}/(°)	P/km	A/m	R_p/(km/My)	R_a/(m/My)	T_{se}/(°)
7	5.48	-134	1.10	-27	-1.4	2.23	307	0.45	61	7.8
8	4.57	-137	0.91	-27	-1.7	2.22	332	0.44	66	8.5
9	4.52	-150	0.90	-30	-1.9	2.37	334	0.47	67	8.0
10	4.50	-172	0.90	-34	-2.2	2.46	321	0.49	64	7.4
11	6.25	-223	1.25	-45	-2.0	2.03	354	0.41	71	9.9
12	6.81	-136	1.36	-27	-1.1	2.51	355	0.50	71	8.1
13	4.02	-146	0.80	-29	-2.1	2.74	322	0.55	64	6.7
最小值	3.35	-223	0.67	-45	-2.2	0.87	153	0.17	31	6.5
最大值	6.81	-38	1.36	-8	-0.7	2.74	355	0.55	71	10.0
平均值	4.72	-133	0.94	-27	-1.6	2.15	299	0.43	60	8.1
中值	4.50	-136	0.90	-27	-1.6	2.22	321	0.44	64	8.0
标准差	0.94	43.07	0.19	8.61	0.44	0.47	56.68	0.09	11.34	1.10

第五节 讨论：满岸流量是深水水道演化的主控因素

一、满岸流量是水道构型的基本控制因素

地层中随时间而变的水道迁移轨迹代表了 Rio Muni 盆地水道带的构型样式（有规律的侧向迁移与垂向加积模式）。Q 与 T_c的散点图［图 9-11（a）］表明 T_c和 Q 呈对数关系，二者可由公式（9-8）表示：

$$T_c = -19.5\ln Q + 259.23 \qquad (R^2 = 0.61) \tag{9-8}$$

二者之间高相关系数 $R^2 = 0.61$ 表明，T_c与 Q 具有可靠的对数关系［图 9-11（a）］，揭示水道构型（T_c）随满岸流量以对数函数形式变化。换句话说，相对较高的深水水道满岸流量形成侧向迁移水道带（由相对较低的 T_c表示，21.8°~49.0°），而相对较低的满岸流量则形成垂向加积水道带（由相对较高的 T_c表示，47.2°~81.0°）［图 9-11（a）］。Jobe 等（2013）也得出了类似的结论，他们认为Ⅱ型峡谷或水道主要由加积的低流量稀释浊流泥岩所充填。

Gong 等（2015）认为，对于其他深水水道体系，陆架边缘进积率与输入深水区域的沉积物的体积成正比，这与沉积通量直接相关。这个假设也被 Q 与 R_p 的高相关系数（幂函数 $R^2=0.75$）所证明［图 9－11（b）］。T_c 与 R_p 的散点图表明 T_c 和 R_p 呈负线性相关（$R^2=0.88$）［图 9－12（a）］，表明水道构型很可能受向深水区域输送沉积物总量的影响。

水道构型与满岸流量有关的这一假说今后仍需要解释对其物理机理进行解释［式（9－8）］。相对低满岸流量的浊流（即垂向加积的水道带中的浊流，具有较低的满岸流量：$1.1\times10^4\sim6.9\times10^4\,m^3/s$）被弯曲水道所限制受到弯曲水道的限制，正如 Janocko 等（2013）的实验 8 所证明的那样似乎增强浊流的限制能力。随着浊流限制能力增加，浊流横向扩散能力逐渐被抑制。因此，更多的浊流和沉积物保留在水道内（Kan 等，2008；Peakall 和 Sumner，2015）。正如 Straub（2007）的实验证明的那样相应的，这促进了水道谷底线沉积。Rio Muni 水道垂向迁移轨迹和垂向加积叠置样式反映了相对低满岸流量导致浊流在水道内的沉积［图 9－7（a）～图 9－7（d）］。

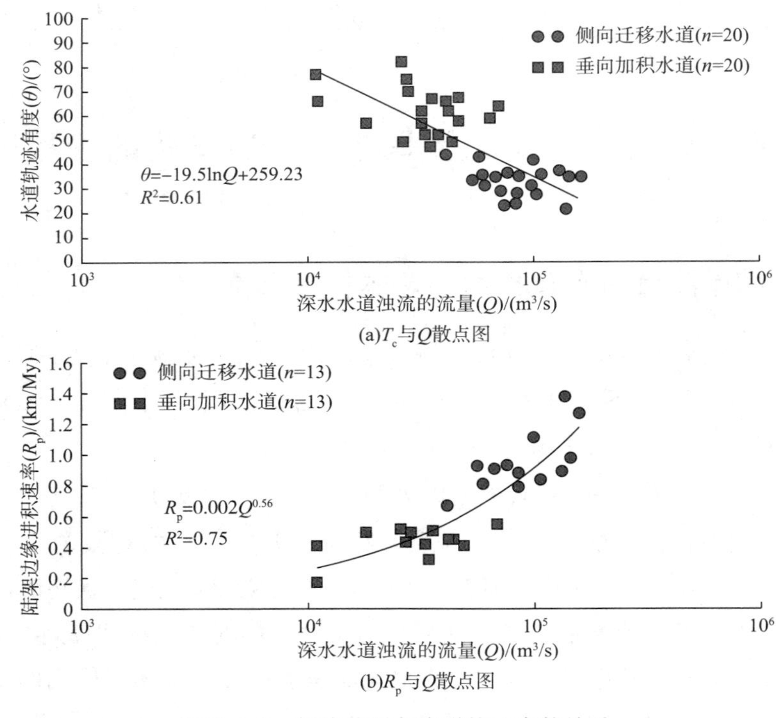

图 9－11　漫岸流量与水道构型参数关系

T_c 与 Q 散点图和 R_p 与 Q 散点图

与低满岸流量的浊流相比，具有高满岸流量的浊流（侧向迁移水道带中的浊流具有较高的满岸流量 $4.1\times10^4\sim15.8\times10^4 m^3/s$）不易被弯曲水道限制，并且正如 Janocko 等（2013）的实验 3、4、6、7 和 9 所示往往降低浊流的限制能力。与上述低满岸流量相反，浊流限制能力的降低将促进浊流侧向扩散（Kan 等，2008；Peakall 和 Sumner，2015），这表明更多的浊流和沉积物将被输送到溢岸环境中。相应地，Rio Muni 水道实例表现为，高满岸流量侧向迁移浊流形成侧向迁移水道轨迹和侧向迁移水道叠置样式［图 9－5（b）和图 9－7（a）~图 9－7（d）］。

二、满岸流量是水道形态的基本控制因素

与此相反，B/H 和 Q 之间相关性较低（$R^2=0.61$，幂函数关系），表明深水水道带的 B/H 和 Q 之间的联系微弱［图 9－13（a）］。然而，Q 与 SI 之间的相关系数 $R^2=0.65$［图 9－13（b）］，表明 SI 和 Q 遵循幂函数关系，如公式（9－9）所示：

$$SI=0.2Q^{0.16} \qquad (R^2=0.65) \tag{9-9}$$

此外，R_p 和 SI 呈幂函数关系（$R^2=0.66$）［图 9－12（b）］。Q 与 SI、R_p 与 SI 的散点图共同表明，深水水道的沉积构型可能受满岸流量或向深水区域输送的沉积物总量的影响［图 9－12（b）、图 9－13（b）］。公式（9－9）表明深水水道形态（SI）与满岸流量呈函数关系。因此，满岸流量是水道形态的重要控制因素。换句话说，相对高满岸流量易高更弯曲的（1.2 倍）水道带（侧向迁移水道带），而相对低满岸流量则形成较顺直的水道带（垂向加积的水道带）［图 9－13（b）］。

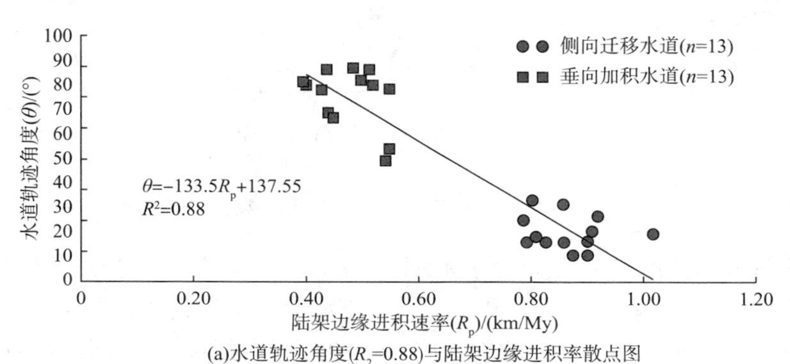

(a)水道轨迹角度(R_2=0.88)与陆架边缘进积率散点图

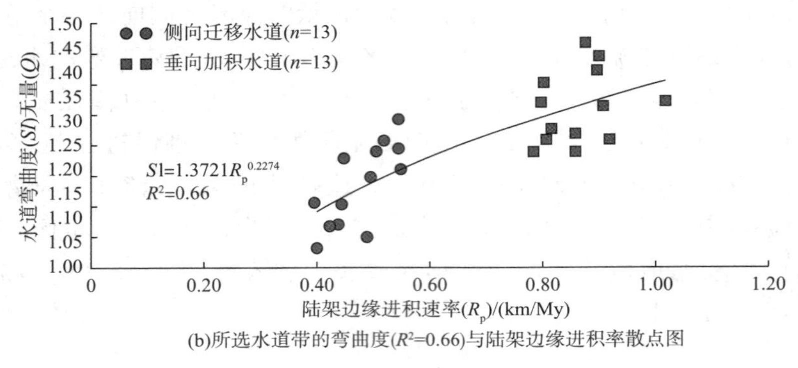

(b)所选水道带的弯曲度(R^2=0.66)与陆架边缘进积率散点图

图 9－12　陆架边缘进积率与水道形态关系

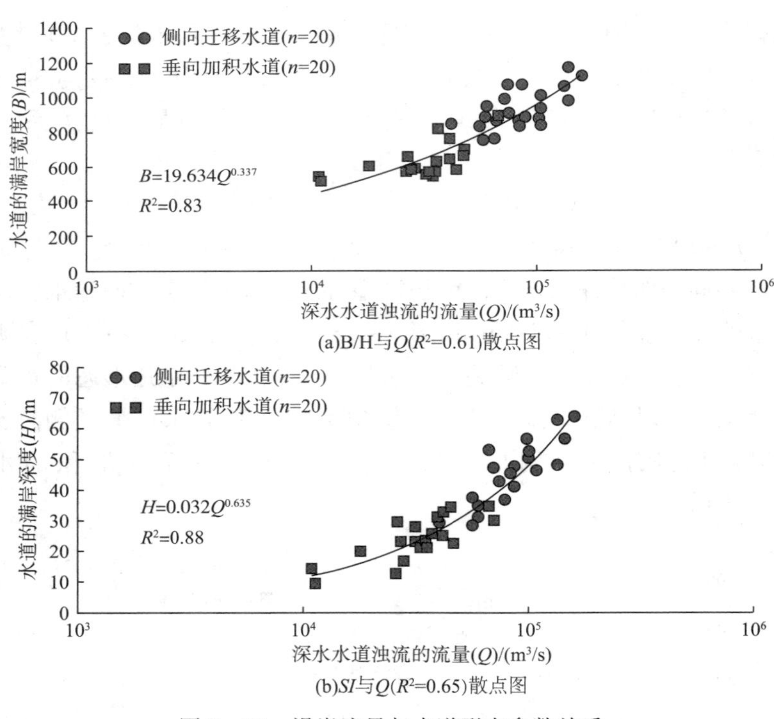

(a)B/H与Q(R^2=0.61)散点图

(b)SI与Q(R^2=0.65)散点图

图 9－13　漫岸流量与水道形态参数关系

本章参考其他深水水道浊流的物理和数值模拟结果来解释水道形态与满岸流量高相关性［式（9－9）～式（9－11）］。正如第五节所讨论的那样，相对低满岸流量和较高满岸流量的浊流分别对应水道的沉积和侵蚀（Straub，2007；Straub 等，2008）。Straub 等（2008）的实验证明浊流在水道内的沉积使水道深度减小。浊流加积也减小了水道的弯曲度（Straub，2007；Straub 等，2008）。垂向加积的水道带具有较低的弯曲度1.03～1.56和较小水道深度（11～35m），满岸流量为 1.1×10^4～$9.1\times10^4 m^3/s$（表9－2）。相反，当水道侧向迁移时，水道内浊流的侵蚀或下切很可能增加水道的深度和弯曲度（Straub，2007；Straub等，2008）。弯曲度较高（SI=1.14～1.60）、深度较深（H=26～82m）、满岸流量较大（Q=7.2×10^4～$37\times10^4 m^3/s$）的侧向迁移水道带支持了这一解释（表9－1）。

第六节 深水水道演化的意义

研究区水道带迁移轨迹角随时间逐渐增加［图9－7（a）～图9－7（d）］，而与解释的水道带同时期的陆架边缘进积速率随时间逐渐减小［图9－10（a）、图9－10（b）］。R_p和T_c之间的负线性相关［图9－13（a）］，表明早期侧向迁移水道向晚期垂向加积水道是一个逐渐转换过程［图9－7（a）～图9－7（d）］。曲棍球形状的水道叠置样式与弯曲水道演化的理想模式一致（Peakall等，2000；Deptuck等，2007；McHargue等，2011）。Jobe等（2016）首次基于全球水道数据将这一水道叠置样式进行了定量化研究。这类深水弯曲水道叠置样式在地震数据集、露头和实验结果普遍存在（Peakall等，2000；Deptuck等，2003；Hodgson等，2011；Sylvester等，2011；Covault等，2016；Bain和Hubbard，2016）。

普遍存在的从侧向迁移转化为垂向加积的水道构型的结构被解释为水道自旋回和异旋回的结果。例如，Jobe等（2016）将曲棍球形状的水道运动学轨迹归因于深水道内浊流所特有的流态特性——浊流和周围海水之间的密度差异比河水与周围空气密度差异小50倍（Imran等，1999）。Covault等（2016）认为侧向迁移－垂向加积水道轨迹很可能受水道均衡面调整的影响。水道构型是浊流和不断演变的海底的动态相互作用结果（De Leeuw等，2016）。然而，浊流流量如何决定迁移－加积的水道轨迹及其地层序列仍然不清楚（Covault等，2016；Jobe等，2016）。T_c与Q的对数关系（R^2=0.72）［公式（9－7）］表明较低的Q往往形成加积水道带（较高的T_c，47.2°～81.0°），而较高的Q则形成侧向迁移水道带（较低的T_c，21.8°～49.0°）。因此，我们认为Rio Muni C1和C2所呈现的侧向迁移－垂向加积水道迁移轨迹及其伴生的曲棍球状的水道叠置样式［图9－7（a）～图9－7（d）］很可能是深水水道内浊流的满岸流量逐渐减少导致的。

第七节　小　　结

深水水道是浊流与不断演变的海底动态相互作用的结果。赤道几内亚中、上陆坡发现了两类水道，包括侧向迁移水道和近似垂直上升 - 加积水道。利用深水水道的水力学形态参数恢复的古浊流满岸流量可以用来区分两类水道。首先，水道叠置构型和满岸流量具有对数关系，并将侧向迁移 - 垂向加积叠置样式归因于满岸流量的逐渐减少。具体而言，相对较高满岸流量的浊流往往使水道的限制能力减弱，但也促使浊流对水道底部的侵蚀和浊流的侧向扩散，形成具有较低水道迁移角度（$T_c=21.8°\sim49.0°$）的侧向迁移水道带。相反，相对低满岸流量的浊流显然能够增强水道的限制能力和浊流在深水水道内的沉积，但是阻止了浊流在水道内的横向扩散，形成具有较高水道迁移轨迹角（$T_c=47.2°\sim81.0°$）的垂向加积水道带。因此，满岸流量的逐渐减少促使侧向迁移 - 垂向加积水道轨迹构型的转变。其次，弯曲度和满岸流量遵循幂函数关系。具体而言，相对较低满岸流量的浊流促使浊流在水道内沉积，相应地，当浊流沉积物在水道内加积时，降低了水道的弯曲度，形成宽度更窄（平均 634m），厚度更薄（平均 23m）和更直（平均弯曲度为 1.17）的水道带。相反，具有相对较高满岸流量的浊流往往促进浊流对水道侵蚀，相应地，当水道侧向迁移时，使水道的弯曲度增加，形成比垂向加积水道带更宽（1.5 倍），更厚（2 倍）和更弯曲（1.2 倍）的侧向迁移水道带。

第十章　Rio Muni 盆地沿深水分流河道净侵蚀型循环阶地向净沉积型循环阶地的逐渐转变

众所周知，当浊流流经坡度大于0.6°的斜坡时，浊流可能达到超临界流状态（Komar，1971；Hand 等，1972）。与超临界流有关的循环阶地（Cyclic steps）——波长较长、溯源迁移、阶梯状、浊流水跃为边界的高流态底形，高流态区域内部存在 Froude 超临界流向亚临界流转变（Fildani 等，2006；Lamb 等，2008；Spinewine 等，2009；Cartigny 等，2011；Kostic 等，2011；Zhong 等，2015；Gong 等，2017）。循环阶地往往发育在高梯度和坡折带区域，这两种环境都易引起浊流水跃（Kostic，2011）。从山间河流到深海盆地，循环阶地无处不在（Fildani 等，2006；Heiniö 和 Davies，2009；Cartigny 等，2011；Kostic，2011，2014；Hughes Clarke，2016；Ribó 等，2016；Gong 等，2017）。

深水环境的地震和测深数据识别出两类循环阶地：净侵蚀型（Net-erosional）循环阶地和净沉积型（Net-depositional）循环阶地（Parker 等，1987；Sun 和 Parker，2005；Fildani 等，2006；Lamb 等，2008；Kostic，2011；Covault 等，2014；Zhong 等，2015），净侵蚀型循环阶地多为链状、溯源迁移坑（Spinewine 等，2009；Kostic，2011；Maier 等，2013；Symons 等，2016），而净沉积型循环阶地则是溯源迁移的沉积物波（Fildani 等，2006；Kostic 等，2010；Kostic，2011；Cartigny 等，2011）。Fildani 等（2006）应用 Kostic 和 Parker（2006）的数学模型；Fildani 等（2006）把 Monterey 东水道内冲坑和 Shepard 弯曲带外堤岸上的沉积物波分别解释为净侵蚀型循环阶地和净沉积型循环阶地。Kostic（2011）和 Covault 等（2014）将溯源迁移的沉积物波和冲坑分别解释为净沉积型循环阶地或净侵蚀型循环阶地。此外，Zhong 等（2015）发现台湾深水峡谷最深谷底线存在净侵蚀型循环阶地和净沉积型循环阶地。Paker（2008）认为 Shepard 外堤岸上的净侵蚀型循环阶地和净沉积型循环阶地密切相关。然而，对于以下两点一直存在争论：①净侵蚀型循环阶地和净沉积型循环阶地的形成是否是一个连续过程（Symons

等，2016；Deptuck 和 Sylvester，2017）；②如何区分净侵蚀型循环阶地与净沉积型循环阶地（Covault 等，2014；Deptuck 和 Sylvester，2017）。

西非 Rio Muni 盆地大量高分辨率三维地震数据以及地震资料清晰展示的沿深水分流水道发育的链状分布、溯源迁移、阶梯状底形，为开展以下 4 方面的研究提供了良好的机会：①估算形成循环阶地的满岸浊流的基本流态参数；②研究浊流如何影响循环阶地的形态和构型；③建立净侵蚀型循环阶地和净沉积型循环阶地的识别标准；④探讨净侵蚀型循环阶地和净沉积型循环阶地的形成是否是一个连续过程。这一研究结果有助于更好地理解浊流如何决定循环阶地的形态和构型，以及如何导致净侵蚀到净沉积型循环阶地的转变。

第一节　地质背景

研究区位于西非赤道几内亚的 Rio Muni 盆地，毗邻 Jobe 等（2011）研究区［图 10－1（a）和图 10－1（b）］（Turner，1995；Turner 等，2003；Beglinger，2012）。与平均陆架宽度 88km 的被动大陆边缘和平均陆架宽度 31km 的主动大陆边缘相比（Harris 等，2014），当今赤道几内亚大陆架相当狭窄（平均大陆架宽度仅 18km）［图 10－1（b）］。现今陆架坡折水深约 100m［图 10－1（b）］（Jobe 等，2011）。现今赤道几内亚湾陆坡地形较陡，坡度较大，平均坡度高达 2.5°［图 10－1（b）］（Pratson 和 Haxby，1996）。

Rio Muni 盆地的裂谷期起始于约 117Ma 阿普第阶，在阿尔必阶后期（106Ma）结束。此后，Rio Muni 盆地经历了从晚阿尔必阶至土仑阶期的裂谷—漂移过渡期（Turner，1995；Jobe 等，2011）。随后，Rio Muni 盆地从桑托阶－科尼亚克阶到第四纪演化为成熟被动大陆边缘（Lehner 和 De Ruiter，1977；Jobe 等，2011；Li 等，2018）。因此，Rio Muni 盆地的地层可分为三个主要的超层序，包括阿普第阶与阿尔必阶同生裂谷期，晚阿尔必阶至土仑阶裂谷漂移过渡期，以及桑托阶－科尼亚克阶至第四纪超层序（Li 等，2018）。桑托阶－科尼亚克阶至第四纪漂移期超层序发育典型深水沉积体系，包括弯曲深水水道和对应的分流水道（Li 等，2018），如图 10－1（c）和图 10－2（c）的地震剖面以及图 10－2（a）的相干体切片所示。沿 Rio Muni 分流河道的最深谷底发育 9 个溯源迁移、阶梯状底形［图 10－2（b）和图 10－2（c）中 S1～S9］。本章重点关注这些底形的形态和构型特征以及对应的浊流的基本流态特征。

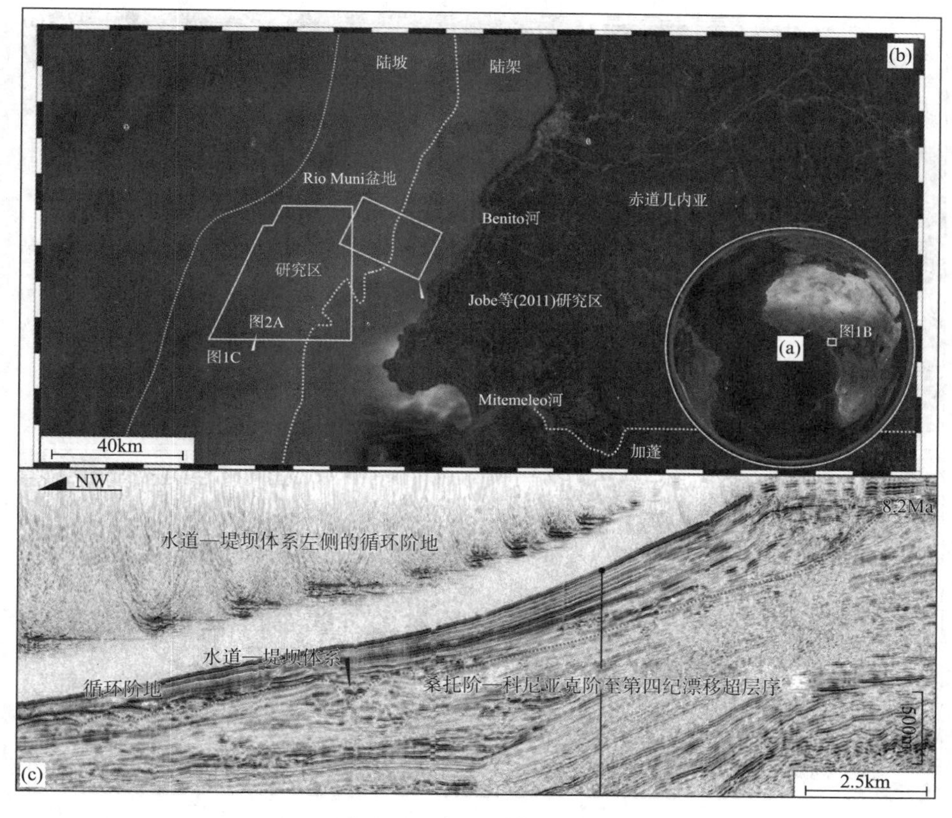

图 10－1 研究区地质背景

注：(a) 和 (b) 西非 Rio Muni 盆地研究区位置。(c) Rio Muni 盆地边缘地层结构和分流水道的循环阶地［图 10－1 (b) 红色虚线位置处的三维地震剖面］，循环阶地底界面以 8.2Ma 不整合为界［图 10－1 (c) 中的蓝色虚线］。

第二节 研究数据与方法

一、3D 地震层序学与地貌学

本章主要利用 Rio Muni 盆地 1400km^2 的零相位、反极性三维地震数据［图 10－1 (b)］。道间距 12.5m×12.5m，采样率 2ms，地震频率随深度变化，目的层主频 50Hz，垂向分辨率为 10m ($\lambda/4$)，可探测厚度 ($\lambda/25$) 1m，横向分辨率

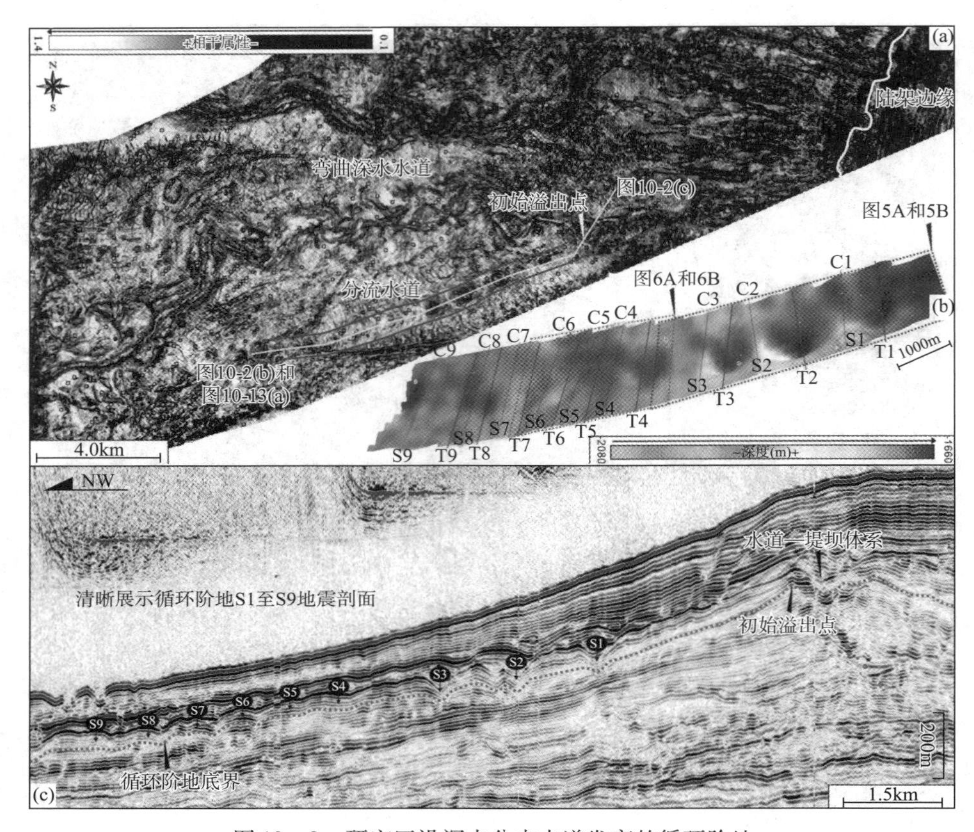

图 10－2　研究区沿深水分支水道发育的循环阶地

注：(a) 相干体切片展示弯曲深水水道和沿分流水道分布的 9 个循环阶地以及图 10－2 (b)、10－2 (c)、10－13 (a) 位置；(b) 本章所重点研究的 9 个循环阶地三维地形图，红色实线和虚线分别表示过阶地脊 (C) 和槽 (T) 的横剖面位置以及图 10－5 和图 10－6 地形图位置；(c) 沿分流水道最深谷底线 9 个循环阶地地震剖面 [图 10－2 (a) 中黄线位置]。

50m。基于三维地震数据，利用二维地震地层学分析和三维地震地貌方法来开展循环阶地的形态和构型特征。如图 10－3 (a) 和图 10－3 (b) 中所示，单个循环阶地可分为 3 部分——陡峭的头部 (背流面)、水平或稍微倾斜的迎流面以及二者之间地形凹地 (槽)(Winterwerp 等，1992；Cartigny 等，2011；Zhong 等，2015)。因此，单个循环阶地采用以下术语进行定量表征：①循环阶地的长度、高度和坡度 (L_{step}、H 和 θ)；②迎流面和背流面长度 (L_{stoss} 和 L_{lee})；③迎流面和背流面的坡度 (分别为 α 和 β)；④循环阶地剖面不对称性 ($A_y = L_{stoss} / L_{lee}$)；⑤循环阶地长高比 (以 L_{step} / H 计算)。

此外，发育循环阶地的深水分流水道的满岸水动力几何特征采用以下术语进行分析：①过循环阶地槽水道横剖面满岸宽度（W_1）和过循环阶地脊水道横剖面满岸宽度（W_3）[图10－3（b）中水道剖面T1和C1]；②过循环阶地槽水道横剖面满岸深度（h_1）和过循环阶地脊水道横剖面满岸深度（h_3）[图10－3（b）中的T1和C1]。本次研究，海水和浅层沉积物的速度分别采用1500m/s和2000m/s对测量参数进行时深转换（Jobe等，2011；Li等，2018）。这些定量数据（表10－1）作为数值模型的输入参数，这个数学模型将深水水道水动力学形态参数与满岸浊流流态特征联系起来（Konsoer等，2013）。

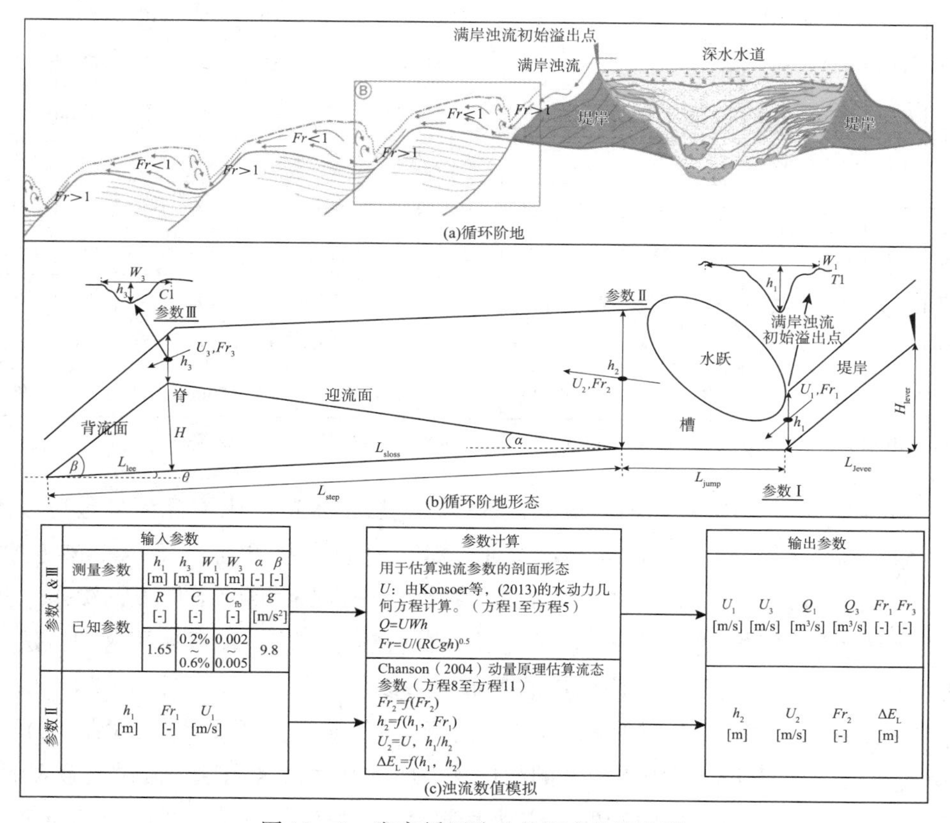

图10－3　发育循环阶地的深水分流水道

注：（a）循环阶地纵剖面示意图（据Cartigny等，2011修改）。（b）单个循环阶满岸形态参数及计算漫岸水动力学流态参数的3个位置：①水跃前背流面坡底，②水跃后迎流面坡底，③阶地脊部（分别为Ⅰ－Ⅲ部分）。（c）形成循环阶地浊流流态参数的计算流程图。

二、深水水道几何参数估计浊流水动力条件

单个循环阶地划分为3个部分——背流面、水跃和迎流面[图10－3（a）、

图 10－3（b）］。因此，对循环阶地的 3 部分，相应浊流的数值计算也按 3 部分进行：①水跃前满岸浊流（在背流面坡底计算）；②水跃后满岸浊流（在迎流面坡底计算）；③循环阶地脊满岸浊流［3 部分计算方法分别对应图 10－3（c）Ⅰ、Ⅱ和Ⅲ］。

表 10－1 Rio Muni 盆地沿分流水道分布的 9 个循环阶地形态参数

No.	L_{stoss}/m	α/(°)	L_{lee}/m	β/(°)	L_{step}/m	θ/(°)	H/m	宽/深比(－)	A_y(－)	W_1/m	h_1/m	W_1/h_1/(－)	W_3/m	h_3/m	W_3/h_3(－)
S1	256	5.2	961	4.5	1216	2.9	41	30	0.3	1281	70	18	1107	50	22
S2	325	4.2	505	6.3	830	2.3	33	25	0.6	1150	80	14	958	39	25
S3	377	3.4	998	3.7	1374	0.9	38	36	0.4	958	54	18	958	17	55
S4	535	0.2	177	5.6	713	1.4	13	55	3.0	1086	35	31	1134	21	54
S5	412	0.9	218	5.8	631	2.8	10	62	1.9	907	21	43	1052	21	50
S6	476	0.5	207	6.8	683	2.6	27	25	2.3	1166	31	38	1479	20	75
S7	517	0.7	258	7.3	774	2.1	23	34	2.0	940	27	35	638	19	33
S8	351	0.5	155	5.1	506	1.2	10	49	2.3	798	28	28	721	20	37
S9	739	0.8	433	5.7	1172	1.7	30	39	1.7	1034	18	56	894	23	38

注：表中 S1～S9 为图 10－2（c）、图 10－5、图 10－6 和图 10－13（b）所示的循环阶地。

Konsoer 等（2013）和 Hu 等（2015）认为深水水道的满岸几何参数可以用来对浊流动力学参数进行计算。本章浊流数值计算（Ⅰ和Ⅲ）采用了该方法，水道动力几何方法（Konsoer 等，2013）假设特定在某种坡度条件下，深水水道内的浊流处于稳定状态，其水动力和形态条件代表稳定流。本章采用这一方法来估算 Rio Muni 深水分流水道内浊流的基本流态参数（图 10－1～图 10－3）。由于对向上流动湍流的抑制，浊流在两个相邻阶梯状底形上沉积物浓度差异不大（Bridge 和 Best，1988），小规模、溯源迁移、阶梯状底形采用这一假设是合理的。需要提醒读者是，本章所绘制的浊流动力学参数流程仅仅基于对所研究的阶梯状底形的观察以及对浊流基本流态的估算。该方法并未经过物理实验的校正，今后需要进一步研究证实。因此，根据这种方法［即方程（10－1）～方程（10－7）］，过分流水道内发育的循环阶地槽和脊的横剖面满岸水动力几何参数［图 10－3（b）中的 T1 和 C1］可用于计算浊流在水跃前和循环阶地脊处的满岸浊流水动力参数（Ⅰ和Ⅲ）。深水水道浊流理查森数（R_i）可通过公式（10－1）和公式（10－2）迭代计算求取。通过公式（10－3）～公式(10－5）求取浊流速度后，利用公式（10－6）来计算形成循环阶地浊流的满岸流量（Q）。最后，通过公式（10－7）获取弗罗德数（F_r）。

$$0 = \frac{SC_{fb}^{-1}}{1 + \frac{e_w(1 + 0.5R_i)}{C_{fb}}} - \frac{1}{R_i} \quad (10-1)$$

$$e_w = \frac{0.075}{\sqrt{1 + 718R_i^{2.4}}} \quad (10-2)$$

$$C_{fi} = e_w(1 + 0.5R_i) \quad (10-3)$$

$$r = \frac{C_{fi}}{C_{fb}} \quad (10-4)$$

$$U^2 = \left(\frac{1}{1 + r}\right)\frac{RCghs}{C_{fb}} \quad (10-5)$$

$$Q = UWh \quad (10-6)$$

$$Fr = \frac{U}{\sqrt{RCgh}} \quad (10-7)$$

式中，e_w为卷吸系数，周围海水卷入浊流的无量纲系数；C_{fi}为浊流表面的摩擦系数；C_{fb}为浊流底部与分流河道之间的摩擦系数，$C_{fb}=0.002$ 和 0.005（Konsoer 等，2013）；S 为深水水道坡度；$R=(\rho_{sed}-\rho_w)/\rho_w$，$\rho_{sed}$为沉积物密度，$\rho_w$ 为纯水密度；C 为沉积物浓度（C：0.2%～0.6%，Konsoer 等，2013）；g 为重力加速度（9.8m/s^2）；h 为水道满岸深度。

本章数值计算（Ⅱ）基于 Chanson（2004）的动量原理——浊流水跃后的弗罗德数、浊流厚度以及流速（F_{r2}、h_2和 U_2）可由公式（10－8）～公式（10－10）计算：

$$F_{r_2} = \frac{2^{1.5}F_{r_1}}{(\sqrt{1 + 8F_{r1}^2} - 1)^{1.5}} \quad (10-8)$$

$$h_2 = \frac{h_1}{2}(\sqrt{1 + 8F_{r1}^2} - 1) \quad (10-9)$$

$$U_2 = \frac{h_1}{h_2}U_1 \quad (10-10)$$

式中，h_1为水跃前满岸浊流厚度；F_{r_1}为水跃前满岸浊流弗洛德数。此外，Chanson（2004）提出水跃的能量损失（ΔE_L）可由动量原理推导为弗洛德数和浊流厚度的函数。能量损失可由 Chanson（2004）方法计算出来：

$$\Delta E_L = \frac{(h_2 - h_1)_3}{4h_1h_2} \quad (10-11)$$

对于宽水道（$W/h > 10$），水跃长度（L_{jump}，定义为浊流水跃前后距离）可由 Chanson（2004）的方法计算为：

$$L_{jump} = h_1\left[160\tanh\left(\frac{F_{r_1}}{20} - 12\right)\right] \tag{10-12}$$

式（10－1）～式（10－12）用来对所识别循环阶地的形成时的浊流水动力参数进行估算（图 10－4）。循环阶地脊槽处的横剖面（图 10－4～图 10－6（c）和 T 剖面）测量数据提供输入参数。浊流水动力参数（U、F_r、Q、ΔE_L）平均值与浊流初始溢出点距离（D_i）的交会图解释了以下 2 个问题：①浊流如何影响循环阶地形态（A_y和 W_1/h_1）和构型（a）；②净侵蚀型循环阶地和净沉积型循环阶地的形成是否是一个连续过程。

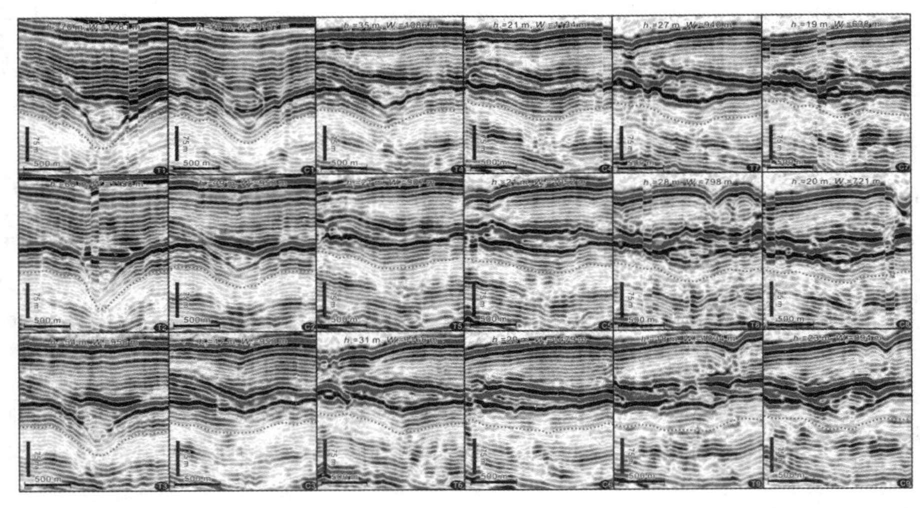

图 10－4　过 9 个循环阶地的脊、槽剖面

第三节　Rio Muni 溯源迁移、阶梯状底形三维地震地貌学

沿 Rio Muni 盆地深水分流水道识别出 9 个长波长、溯源迁移的阶梯状底形［图 10－2（b）和图 10－2（c），S1～S9］。直观上，它们的形态可分为两大类：闭合凹陷和开口凹陷（S1～S3 和 S4～S9，图 10－5 和图 10－6）。本节将根据前面所定义的迎流面坡度、阶地不对称性（迎流面与背流面长度之比）和槽宽—

深比（a、A_y和 W_1/h_1）对两组底形进行解释。

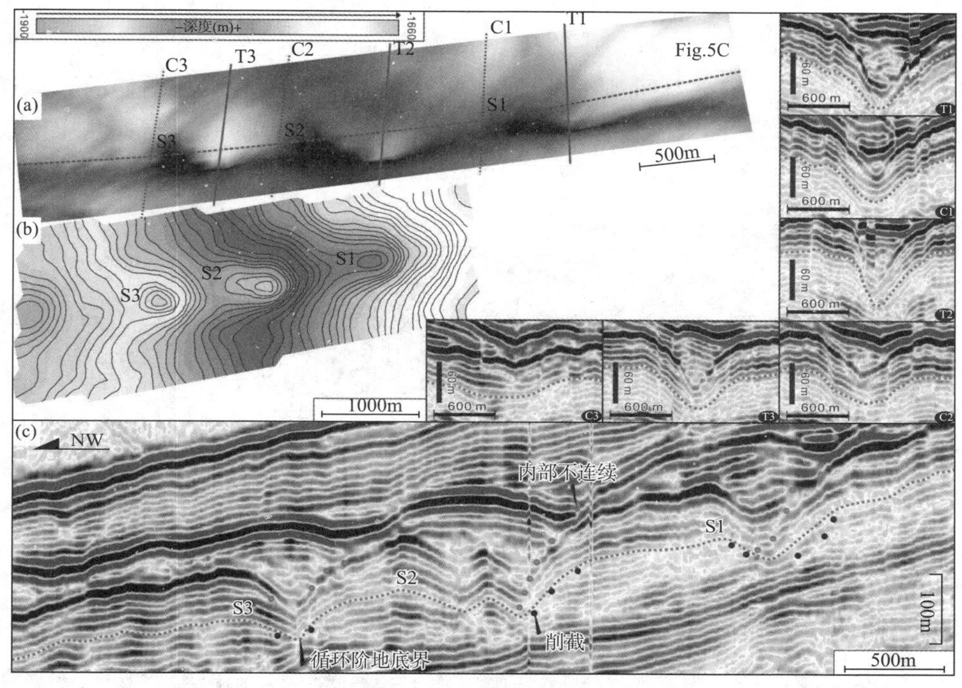

图 10－5　阶梯状底形图

注：（a）净侵蚀型循环阶地三维地形图显示循环阶地槽（T1～T3）和峰（C1～C3）处地震剖面位置［图 10－2（c）、图 10－4、图 10－5（c）和图 10－6（c）中的蓝色虚线］。（b）净侵蚀型循环阶地地形图，等值线间隔 5m。（c）过分流水道的纵剖面［图 10－5（a）中所示的线位置］展示净侵蚀型循环阶地的位置和底界。

一、三个闭合凹陷的形态和构型特征

在 Rio Muni 盆地的分流水道上部识别出 3 个在地形上闭合的、阶梯状凹陷（图 10－2 和图 10－5 中的 S1～S3）。平面上其地形闭合［图 10－5（a）和 10－5（b）］，宽 958～1281m（平均 1130m），长 830～1374m（平均 1140m），深 33～41m（平均 37m）（表 10－1，图 10－4 和图 10－5 中的地震剖面 T1、T2 和 T3）。剖面上，与 S4～S9 链状不对称、开口凹陷相比（图 10－5），其不对称性较低（A_y：0.3～0.6，平均值 $A_y=0.4$），W_1/h_1 比小（$W_1/h_1=14\sim18$，平均 $W_1/h_1=17$）［表 10－1，图 10－7（a）］。这些闭合凹陷的迎流面更陡（$a=3.4°\sim5.2°$，平均值 $a=4.3°$）［表 10－1，图 10－7（b）］和更短（$L_{stoss}=256\sim377$m，平均 $L_{stoss}=319$m），而背流面则较平缓（$\beta=3.7°\sim6.3°$，平均 $\beta=4.8°$）

且更长（L_{lee}=505～998m，平均L_{lee}=821m）（表10－1，图10－5）。

闭合的、阶梯状凹陷（S1～S3）迎流面地震反射往往具有扰动、不连续终止点反射特征［图10－5（c）中的蓝点］。然而，这些不连续、削截、中—低振幅反射特征在S1～S3被流面则变的连续、平行、成层性好且具有明显的溯源迁移特征［图10－5（c）］。此外，闭合凹陷（S1～S3）深切下伏地层，具有侵蚀面以及侵蚀削截发育［图10－5（c）中的黑点］。

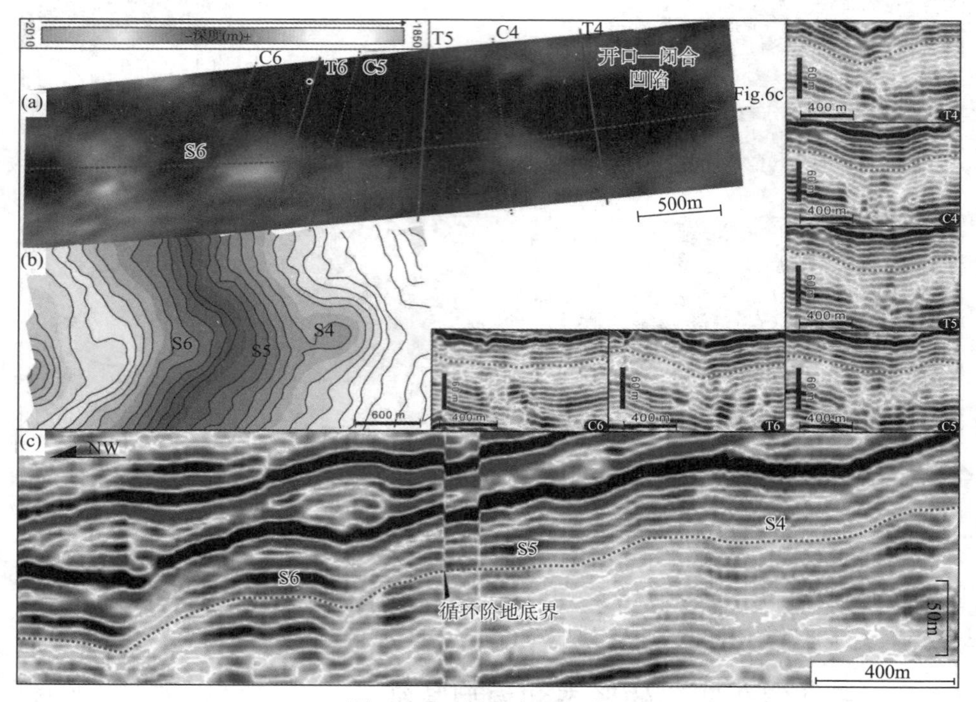

图10－6 循环阶地底形图

注：（a）循环阶地的槽（T4～T6）和脊（C4～C6）地震剖面在净沉积循环阶地S4～S9三维地形图中的位置［图10－2（c）、图10－4、图10－5（c）和图10－6（c）］中的蓝色虚线。（b）净沉积循环阶地底形图，等值线间隔5m。（c）过分流水道的纵剖面图10－6（a）中所示的线位置）展示净侵蚀循环阶地的位置和底界。

二、六个开口凹陷的形态和构型特征

Rio Muni盆地的分流水道远端识别出6个开口凹陷（图10－2和图10－6中的S4～S9）。在平面上，呈现为开口凹陷［图10－6（a）、图10－6（b）］，宽798～1166m（平均988m）（表10－1），长506～1172m（平均746m）［表10－1，图10－8（a）］，深10～30m（平均19m）（表10－1）（图10－4和图10－6中的

地震剖面 T4～T9）。与上述 3 个闭合凹陷（S1～S3）相比，其剖面形态更加不对称（A_y = 1.7～3.0，平均 A_y = 2.2）［表 10－1，图 10－6（c）和图 10－8（b）］，宽深比（W_1/h_1）更大（W_1/h_1 = 25～56，平均 W_1/h_1 = 39）［图 10－7（a）］。总体而言，开口凹陷的迎流面坡度较平缓（a = 0.2°～0.9°，平均 a = 0.6°）［表 10－1；图 10－7（b）］和更长（L_{stoss} = 351～739m，平均 L_{stoss} = 505m），而它们对应的背流面坡度更陡（β = 5.1°～7.3°，平均 β = 6.1°）且更短（L_{lee} = 155～433m，平均 L_{lee} = 241m）（表 10－1）。

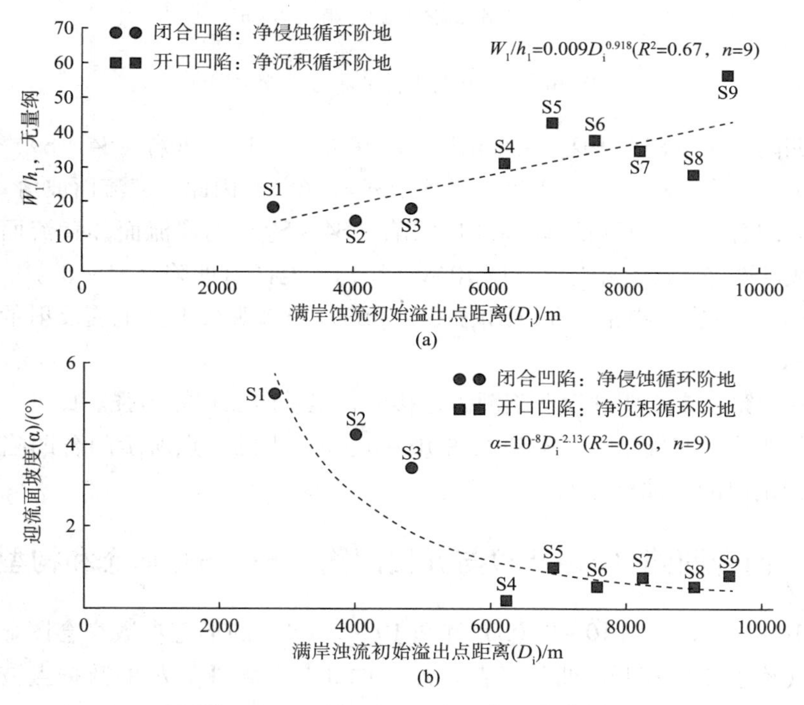

图 10－7　D_i与 W_1/h_1和 D_i与 a 交会图

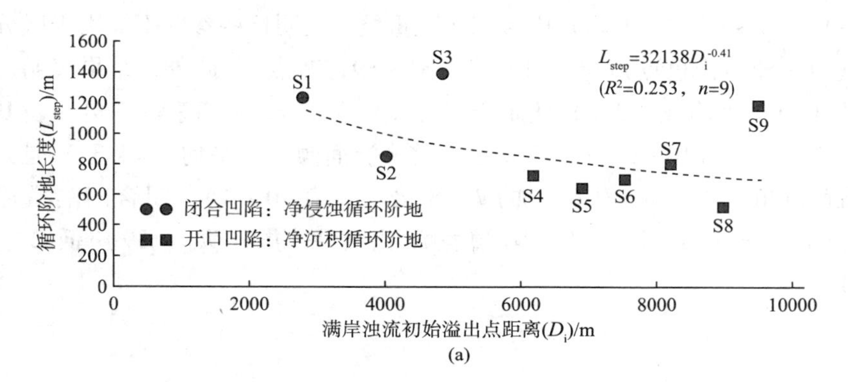

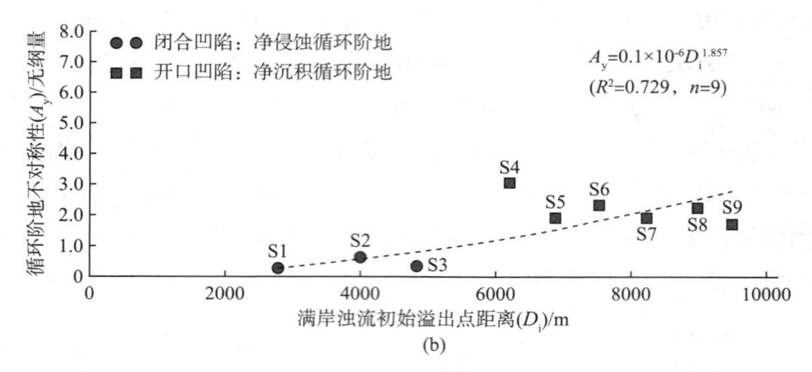

(b)

图 10-8　D_i与L_{step}和D_i与A_y交会图

与闭合凹陷（S1～S3）构型特征相比（表 10-1），开口凹陷（S4～S9）迎流面坡角（a）较低（a=0.2°～0.9°，平均值a=0.6°），因此，迎流面坡角（a）可用来区分闭合凹陷和开口凹陷。开口凹陷（S4～S9）的迎流面和背流面地震反射通常成层性好、可追踪对比［图 10-6（c）］。与闭合凹陷（S1～S3）［图 10-5（c）］内部不连续相比，开口凹陷（S4～S9）内部观察不到地震反射的不连续［图 10-6（c）］。

这些观察结果表明开口凹陷溯源迁移弱，但垂向加积能力强。此外，开口凹陷与下伏地层渐变接触，开不到如图 10-5（c）中的黑点所示闭合凹陷（S1～S3）中识别出的侵蚀接触面。

三、闭合凹陷（S1～S3）与开口凹陷（S4～S9）形态和构型比较

图 10-9（a）、图 10-9（b）和图 10-9（d）的形态参数交会图显示，闭合凹陷（橙色点）和开口凹陷（蓝色点）的A_y、a和W_1/h_1的数据点彼此不重叠，表明A_y、a和W_1/h_1可用于区分这两类阶梯状底形。相反，图 10-9（c）和图 10-9（e）～图 10-9（i）中形态相互重叠，表明这些参数不能用于区分闭合凹陷（S1～S3，橙色点）与开口凹陷（S4～S9，蓝点）。此外，结果表明，开口凹陷的A_y值（平均A_y=2.2）比闭合凹陷（平均A_y=0.4）高 5～6 倍［表 10-1；图 10-9（a）～图 10-9（c）］。闭合凹陷迎流面倾角（平均a=4.3°）是开口凹陷迎流面倾角（平均a=0.6°）的 7～8 倍，（表 10-1）。闭合凹陷槽宽深比（平均W_1/h_1 = 17）比开口凹陷槽宽深比（平均W_1/h_1 = 39）低 2～3 倍（表 10-1）。

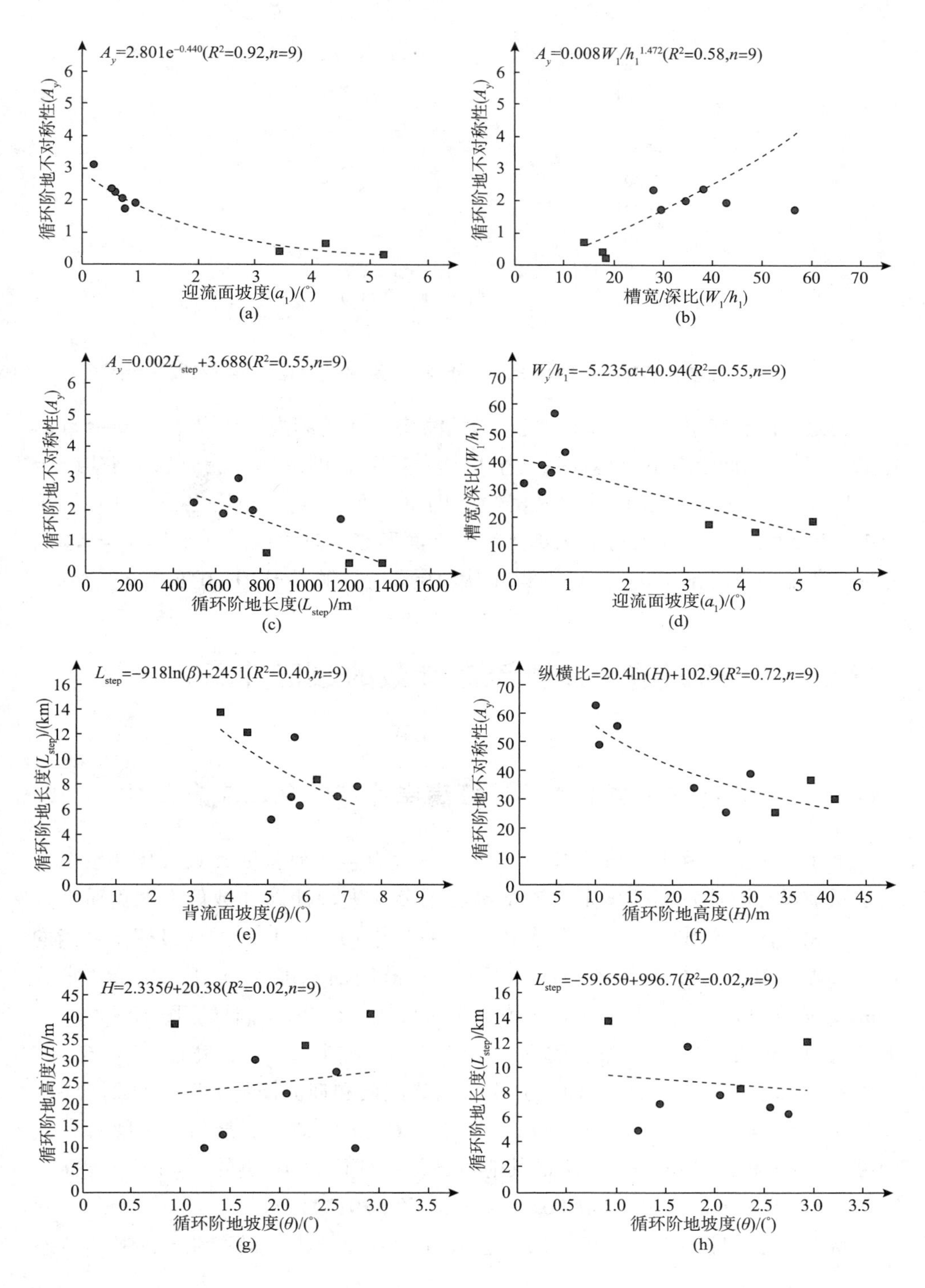
$A_y=2.801e^{-0.440}(R^2=0.92,n=9)$
循环阶地不对称性(A_y)
迎流面坡度(a_1)/(°)
(a)
$A_y=0.008W_1/h_1^{1.472}(R^2=0.58,n=9)$
循环阶地不对称性(A_y)
槽宽/深比(W_1/h_1)
(b)
$A_y=0.002L_{step}+3.688(R^2=0.55,n=9)$
循环阶地不对称性(A_y)
循环阶地长度(L_{step})/m
(c)
$W_y/h_1=-5.235\alpha+40.94(R^2=0.55,n=9)$
槽宽/深比(W_1/h_1)
迎流面坡度(a_1)/(°)
(d)
$L_{step}=-918\ln(\beta)+2451(R^2=0.40,n=9)$
循环阶地长度(L_{step})/(km)
背流面坡度(β)/(°)
(e)
纵横比=20.4ln(H)+102.9(R^2=0.72,n=9)
循环阶地不对称性(A_y)
循环阶地高度(H)/m
(f)
$H=2.335\theta+20.38(R^2=0.02,n=9)$
循环阶地高度(H)/m
循环阶地坡度(θ)/(°)
(g)
$L_{step}=-59.65\theta+996.7(R^2=0.02,n=9)$
循环阶地长度(L_{step})/km
循环阶地坡度(θ)/(°)
(h)

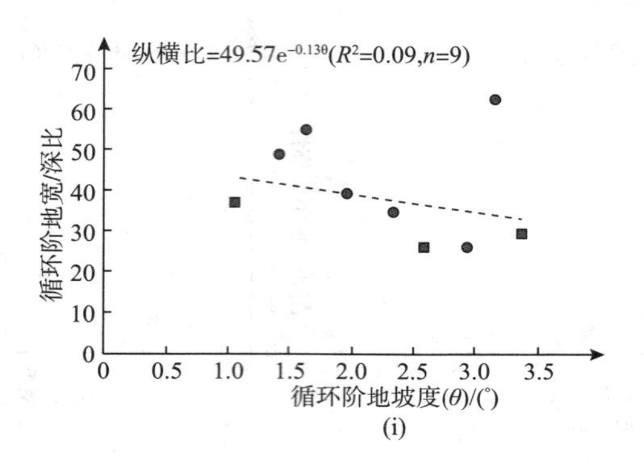

图 10－9　净侵蚀和净沉积循环阶地（分别为橙色和蓝色点）形态参数交会图

总之，闭合凹陷（S1～S3）地震反射呈扰动、不连续内部结构［图 10－5（c）中的蓝点］，剖面形态不对称性低（平均 A_y＝0.4），溯源迁移能力强（平均 a＝4.3°），以及对下伏地层具有明显侵蚀［图 10－5（c）］；相比之下，开口凹陷（S4～S9）地震反射成层性好和内部连续，剖面形态不对称性高（平均 A_y＝2.2），垂向加积能力强（平均 a＝0.6°），与下伏地层渐变接触［图 10－6（c）］。

第四节　浊流流态参数的数值计算

一、利用数值方法Ⅰ和Ⅱ计算满岸浊流的基本流态参数

基于 T（槽）和 C（脊）横剖面的满岸动力学几何特征参数（图 10－6），对水跃前循环阶地脊部的满岸浊流基本流态参数进行计算（数值方法Ⅰ和Ⅲ）。要计算相应流态参数需要对公式（10－1）～公式（10－7）中的变量赋予适当的值。首先，图 10－6 中的循环阶地 T1～T9 横剖面深度 h_1＝18～80m（平均 40m），宽度 W_1＝798～1281m（平均 1036m）（表 10－1）。同样，图 10－6 中的循环阶地横剖面 C1～C9 深度的 h_3＝17～50m（平均 26m），宽度 W_3＝638～1479m（平均 993m）（表 10－1）。其次，用背流面和迎流面的坡度（分别为 β＝3.7°～7.3°；a＝0.2°～5.2°）分别用来计算 U_1 和 U_3 的值。最后，求解方程式（10－1）～方程式（10－7）所需的其他次要参数如下：①石英的 R＝1.65；②C＝0.2%～0.6%，C_{fb}＝0.002～0.005（Konsoer 等，2013）。

将上述参数输入公式（10－1）～公式（10－7），求得满岸浊流的基本流态

参数（表10－2）。具体而言，数值方法Ⅰ计算的满岸浊流流态参数 U_1，F_{r_1} 和 Q_1 的范围分别为2.1～4.2m/s（平均3.0m/s），2.1～2.5（平均2.3）和 3.9×10^4～$38.4\times10^4 m^3/s$（平均 $15.1\times10^4 m^3/s$）（表10－2）。数值方法Ⅱ计算的满岸浊流流态参数 U_3、F_{r_3} 和 Q_3 分别为0.9～3.7m/s（平均1.9m/s），1.0～2.5（平均1.7）和 1.7×10^4～$20.6\times10^4 m^3/s$（平均 $5.7\times10^4 m^3/s$）（表10－2）。

二、数值方法Ⅱ计算浊流基本流态参数

通过公式（10－1）～公式（10－7）计算出 U_1 和 F_{r_1} 后，再利用公式（10－8）～公式（10－10）计算水跃后浊流 F_{r_2}，h_2 和 U_2 的值（数值方法Ⅱ）。如上所述，水跃前满岸浊流 U_1 和 F_{r1} 的平均值分别估算为2.1～4.2m/s和2.1～2.5（表10－2）。此外，从循环阶地横剖面T1～T9测量的 h_1（图10－6）的范围为18～80m（平均40m）。然后将 U_1、F_{r_1} 和 h_1 的值代入公式（10－8）～公式（10－10），求得：$U_2=1.3$～2.7m/s（平均1.9m/s），$h_2=51$～214m（平均114m），$F_{r_2}=0.6$～0.7（平均0.6）（表10－2）。此外，将 h_1 和 h_2 代入公式（10－11）求得 $\Delta E_L=20$～81m，平均 $\Delta E_L=47m$（表10－2）。

三、闭合凹陷（S1～S3）与开口凹陷（S4～S9）水动力条件比较

U_1 与 D_i，Q_1 与 D_i 和 ΔE_L 与 D_i 的交会图［图10－10（a）、图10－11（a）和图10－11（b）］显示两组凹陷之间的没有重叠（S1～S3对比S4～S9），表明可根据流态参数 U_1、Q_1 和 ΔE_L 区分闭合凹陷（S1～S3）和开口凹陷（S4～S9）。形成闭合凹陷的浊流流态参数 U_1、Q_1 和 ΔE_L，分别是开口凹陷浊流流态参数的1～2倍，5～6倍和2～3倍［表10－2；图10－10（a）、图10－11（a）和图10－11（b）］。计算出 F_{r_1} 大于1（$F_{r_1}=2.1$～2.5，平均2.3），$F_{r_2}=0.6$～0.7，平均0.6，$F_{r_3}=1.0$～2.5，平均1.7（表10－2）。

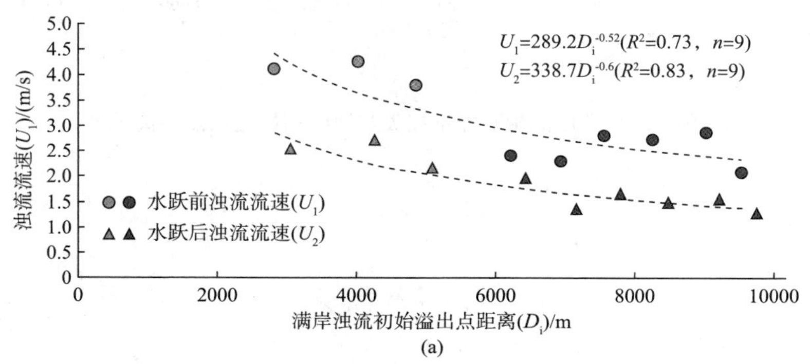

(a)

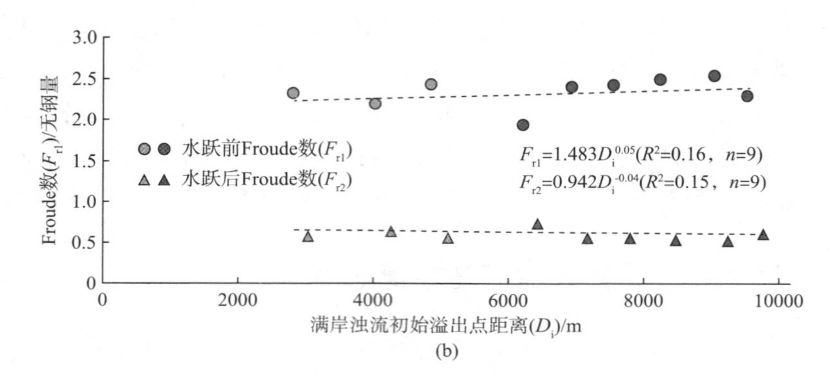

图 10－10　浊流流速、弗罗德数关系与浊流初始溢出点距离

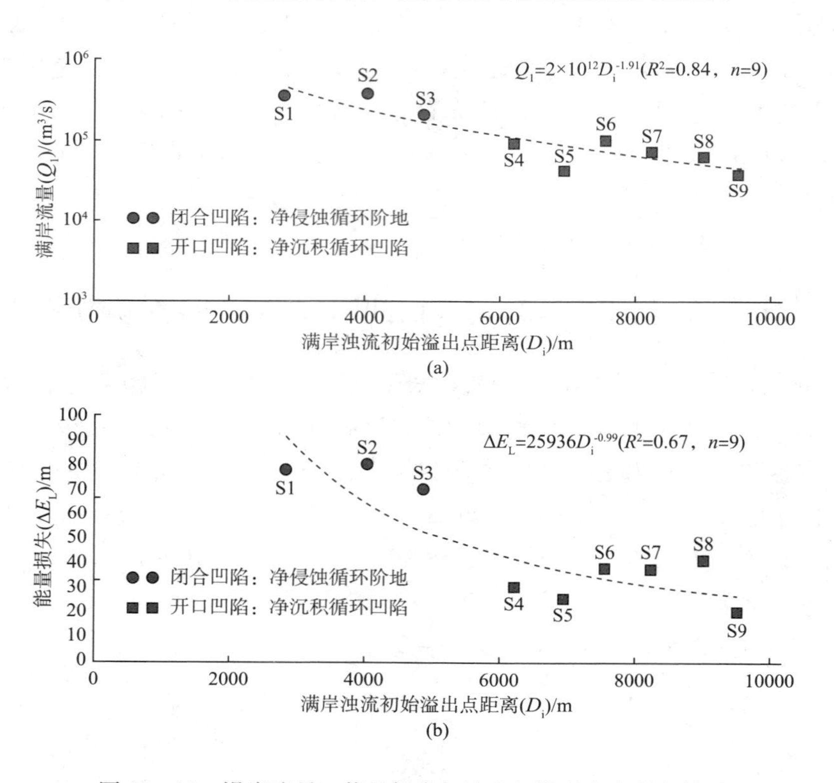

图 10－11　漫岸流量、能量损失与浊流初始溢出点距离关系

表 10－2 Rio Muni 盆地 9 个循环阶地的浊流流态参数

序号	值	h_1/m	U_1/(m/s)	Q_1/(10^4 m^3/s)	F_{r_1}(－)	h_2/m	U_2/(m/s)	F_{r_2}(－)	ΔE_L/m	h_3/m	U_3/(m/s)	Q_3/(10^4 m^3/s)	F_{r_3}(－)
S1	范围	70	3.0～5.2	26.7～46.9	1.1～3.4	83～309	0.7～4.4	0.4～0.9	0～156	50	2.6～4.9	14.1～27.1	1.2～3.9
	平均值		4.1	36.8	2.3	196	2.5	0.6	78		3.7	20.6	2.5
S2	范围	80	3.0～5.4	27.7～49.0	1.1～3.3	89～338	0.7～4.8	0.4～0.9	0～161	39	2.1～4.2	8.0～15.6	1.1～3.7
	平均值		4.2	38.4	2.2	214	2.7	0.6	81		3.1	11.8	2.4
S3	范围	54	2.7～4.8	14.1～24.6	1.2～3.6	68～250	0.6～3.8	0.4～0.8	0～140	17	1.3～2.6	2.2～4.4	1.0～3.5
	平均值		3.8	19.4	2.4	159	2.2	0.6	70		2.0	3.3	2.3
S4	范围	35	1.9～3.4	7.2～12.8	1.0～3.2	36～141	0.5～3.2	0.4～0.9	0～61	21	0.6～1.3	1.3～3.1	0.4～1.6
	平均值		2.6	10.0	2.1	89	1.9	0.7	31		0.9	2.2	1.0
S5	范围	21	1.7～2.9	3.2～5.6	1.2～3.5	26～96	0.4～2.4	0.4～0.9	0～51	21	1.0～2.1	2.2～4.6	0.7～2.6
	平均值		2.3	4.4	2.3	61	1.4	0.6	26		1.5	3.4	1.6
S6	范围	31	2.0～3.6	7.3～12.7	1.2～3.6	38～140	0.4～2.9	0.4～0.9	0～76	20	0.8～1.7	2.3～5.1	0.6～2.2
	平均值		2.8	10.0	2.4	89	1.7	0.6	38		1.3	3.7	1.4
S7	范围	27	2.0～3.5	5.0～8.7	1.2～3.7	35～128	0.4～2.6	0.4～0.8	0～75	19	0.8～1.9	1.0～2.3	0.6～2.3
	平均值		2.7	6.9	2.5	82	1.5	0.6	38		1.3	1.7	1.5
S8	范围	28	2.1～3.6	4.7～8.1	1.3～3.8	38～137	0.4～2.7	0.4～0.8	0～83	20	0.8～1.7	1.1～2.5	0.6～2.2
	平均值		2.8	6.4	2.5	87	1.6	0.6	41		1.3	1.8	1.4
S9	范围	18	1.5～2.6	2.9～5.0	1.1～3.4	22～80	0.3～2.3	0.4～0.9	0～41	23	1.0～2.1	2.0～4.4	0.6～2.4
	平均值		2.1	3.9	2.3	51	1.3	0.6	20		1.5	3.2	1.5

第五节　浊流对侵蚀型循环阶地向沉积型阶地转化的影响

一、结合浊流形态和水动力学特征区分净侵蚀型循环阶地与净沉积型循环阶地

已有学者研究表明，依据浊流是侵蚀还是沉积，可以将循环阶地分为净侵蚀型和净沉积型两类（Parker 等，1987；Sun 和 Parker，2005；Fildani 等，2006；Kostic，2011；Zhong 等，2015；Symons 等，2016）。形成闭合凹陷（S1 ~ S3）的浊流流态参数 U_1、Q_1 和 ΔE_L 是形成开口凹陷浊流流态参数 1 ~ 2 倍，5 ~ 6 倍和 2 ~ 3 倍，其搬运沉积物的能力比形成开口凹陷浊流能力大。此外，闭合凹陷（S1 ~ S3）具有较对称的剖面形态，溯源迁移能力强，其地震反射的不连续和大量削截点侵蚀接触面，所有这些表明迎流面浊流沉积速率较低。这些观测结果表明，形成的闭合凹陷（S1 ~ S3）的浊流可能以侵蚀作用为主，以此推断 S1 ~ S3 为净侵蚀型循环阶地。然而，值得注意的是，无论是净侵蚀型循环阶地还是净沉积型阶地，都需要正常的沉积物收支平衡（即量化沉积通量分散），对此本章未加以论述（图 10 – 10）。

形成开口凹陷（S4 ~ S9）浊流具有较低的流态参数 U_1、Q_1 和 ΔE_L，因此该浊流可能以沉积（即披覆沉积物沉积）为主，表明此时浊流搬运沉积物的能力比形成净侵蚀型循环阶地浊流的搬运能力弱。此外，与净侵蚀型循环阶地形成鲜明对比的是，开口凹陷（S4 ~ S9）具有较不对称剖面形态和较强垂向加积能力，并且其地震反射具有良好的成层性，连续且平行的地震反射特征，与下伏地层呈渐变接触，所有这些特征沿开口凹陷迎流面和背流面浊流沉积均匀。这些观察结果表明，形成开口凹陷（S4 ~ S9）浊流以沉积作用为主，因此推断 S4 ~ S9 是净沉积型循环阶地。然而，值得注意的是，我们对闭合凹陷与开口凹陷的分类（即净侵蚀与净沉积循环阶地）在一定程度上取决于分析的尺度和所选等值线间距［即研究区凹陷（S1 ~ S9）的等值线间距为 5m］［图 10 – 5（b）、图 10 – 6（b）］。相应地，这表明 Rio Muni 地震数据揭示的基本接触关系或许是区分对净侵蚀与净沉积循环阶地一种较好方法（图 10 – 11）。

二、净侵蚀型循环阶地向净沉积型循环阶地逐渐转变

如第三节所述，A_y、a 和 W_1/h_1 三种形态和构型参数用于区分闭合凹陷（即净侵蚀型循环阶地）与开口凹陷（净沉积型循环阶地）。随着 D_i 的增加，A_y 和 W_1/h_1 逐渐增加，则 D_i 与 A_y 以及 D_i 与 W_1/h_1 都呈幂函数关系［图 10－7（a）、图 10－8（b）］。而随着 D_i 的增加，a 逐渐减少，a 和 D_i［图 10－7（b）］呈幂函数关系。这些经验公式如下：

$$A_y = 0.1 \times 10^{-6} D_i^{1.875} \qquad R^2 = 0.73, n = 9$$

（10－13）［图 10－8（b）］

$$\frac{W_1}{h_1} = 0.009 D_i^{0.918} \qquad R^2 = 0.67, n = 9$$

（10－14）［图 10－7（a）］

$$a = 10^{-8} D_i^{-2.13} \qquad R^2 = 0.85, n = 9$$

（10－15）［图 10－7（b）］

形态和构型参数与 D_i（图 10－7 和图 10－8）的单一拟合关系以及这两类凹陷形态和构型参数沿这些拟合关系曲线彼此分离揭示沿 Rio Muni 盆地深水分流水道最深谷底线，净侵蚀循环阶地向净沉积型循环阶地的转化是一个逐渐转变的过程。此外，沿分流水道最深谷底线的区域地震剖面展示了净侵蚀型循环阶地向净沉积型循环阶地的逐渐转变。净侵蚀循环阶地（S1～S3）发育在 Rio Muni 分流水道近端，而净沉积循环阶地（S4～S9）发育在分流水道远端［图 10－2（c）］。

如第四节所述，形成净侵蚀型循环阶地的满岸浊流的流态参数 U_1、Q_1 和 ΔE_L 分别是形成净沉积型循环阶地满岸浊流的 1～2 倍，5～6 倍和 2～3 倍。U_1 与 D_i［图 10－10（a）］，F_r 与 D_i［图 10－10（b）］，Q_1 与 D_i［图 10－11（a）］和 ΔE_L 与 D_i［图 10－11（b）］的散点图表明 U_1、Q_1 和 ΔE_L 沿分流水道逐渐减小。因此，我们将沿 Rio Muni 分流水道最深谷底线，净侵蚀型循环阶地向净沉积型循环阶地的逐渐转变归因于形成循环阶地浊流流态参数 U_1、Q_1 和 ΔE_L 沿分流河道向下游的逐渐减少。人们可能对浊流流态参数沿分流河道向下游减少是如何导致浊流由侵蚀状态转变为沉积状态存在疑惑。我们将此归因于顺浊流向下，其输送沉积物的能力下降。今后仍需对该假设进一步研究。

第六节　浊流对循环阶地形态和构型的影响

一、浊流流态对循环阶地形态的影响

浊流流态参数（由 U_1，Q_1和 ΔE_L表示）与循环阶地形态参数（由 A_y和 W_1/h_1表示）的散点图揭示了浊流如何影响循环阶地形态［图 10－12（a）～图 10－12（c）和图 10－12（g）～图 10－12（i）］。图 10－12（a）～图 10－12（c）的散点图表明循环阶地不对称性（A_y）与浊流流态参数呈幂函数变化，公式如下：

$$A_y = 17253Q_1^{-0.82} \qquad R^2 = 0.62, n = 9$$

（10－16）［图 10－12（a）］

$$A_y = 27.87U_1^{-2.86} \qquad R^2 = 0.66, n = 9$$

（10－17）［图 10－12（b）］

$$A_y = 268.1\Delta E_L^{-14.3} \qquad R^2 = 0.66, n = 9$$

（10－18）［图 10－12（c）］

高相关系数表明 A_y与 U_1，Q_1和 ΔE_L的幂函数关系明显。

此外，W_1/h_1与 U_1，Q_1和 ΔE_L的交会图［分别为图 10－12（g）～图 10－12（i）］也呈幂函数关系。然而，因为 U_1、Q_1和 ΔE_L计算结果部分来自于对 W_1和 h_1的观测值［图 10－3（c）］，所以这些幂函数关系源于浊流动力学参数计算公式，而不是单纯的实验结果。如第五节所述，浊流流态参数 U_1、Q_1和 ΔE_L沿着分流水道向下线性减小。相应地，这表明浊流流态参数 U_1、Q_1和 ΔE_L沿分流河道向下逐渐减少——指示浊流搬运沉积物能力逐渐减弱，导致所研究循环阶地的 A_y和 W_1/h_1沿下游逐渐增大。然而，这个假设也有待今后进一步研究。

二、浊流流态参数对循环阶地构型的影响

研究结果表明，Rio Muni 循环阶地的构型（由 a 表示）与浊流流态参数 U_1，Q_1和 ΔE_L呈线性函数关系［图 10－12（d）～图 10－12（f）］，拟合公式如下：

$$\alpha = 10^{-5}Q_1 - 0.162 \qquad R^2 = 0.88, n = 9$$

（10－19）［图 10－12（d）］

$$\alpha = 2.252U_1 - 5.022 \qquad R^2 = 0.83, n = 9$$

（10－20）［图 10－12（e）］

$$\alpha = 0.076\Delta E_L - 1.761 \qquad R^2 = 0.83, n = 9$$

（10－21）［图10－12（f）］

高相关系数显示循环阶地构型（由 a 表示）与浊流流态参数之间具有明显的线性关系。

Rio Muni 循环阶地构型参数（a）与深水水道内浊流流态参数成正比［公式（10－19）~公式（10－21）］，a 沿 Rio Muni 分流水道向下逐渐线性减小［图10－10（a）、图10－11］。相应的表明了浊流流态参数 U_1，Q_1和 ΔE_L逐渐减小可能导致所识别循环阶地的 a 逐渐减小。

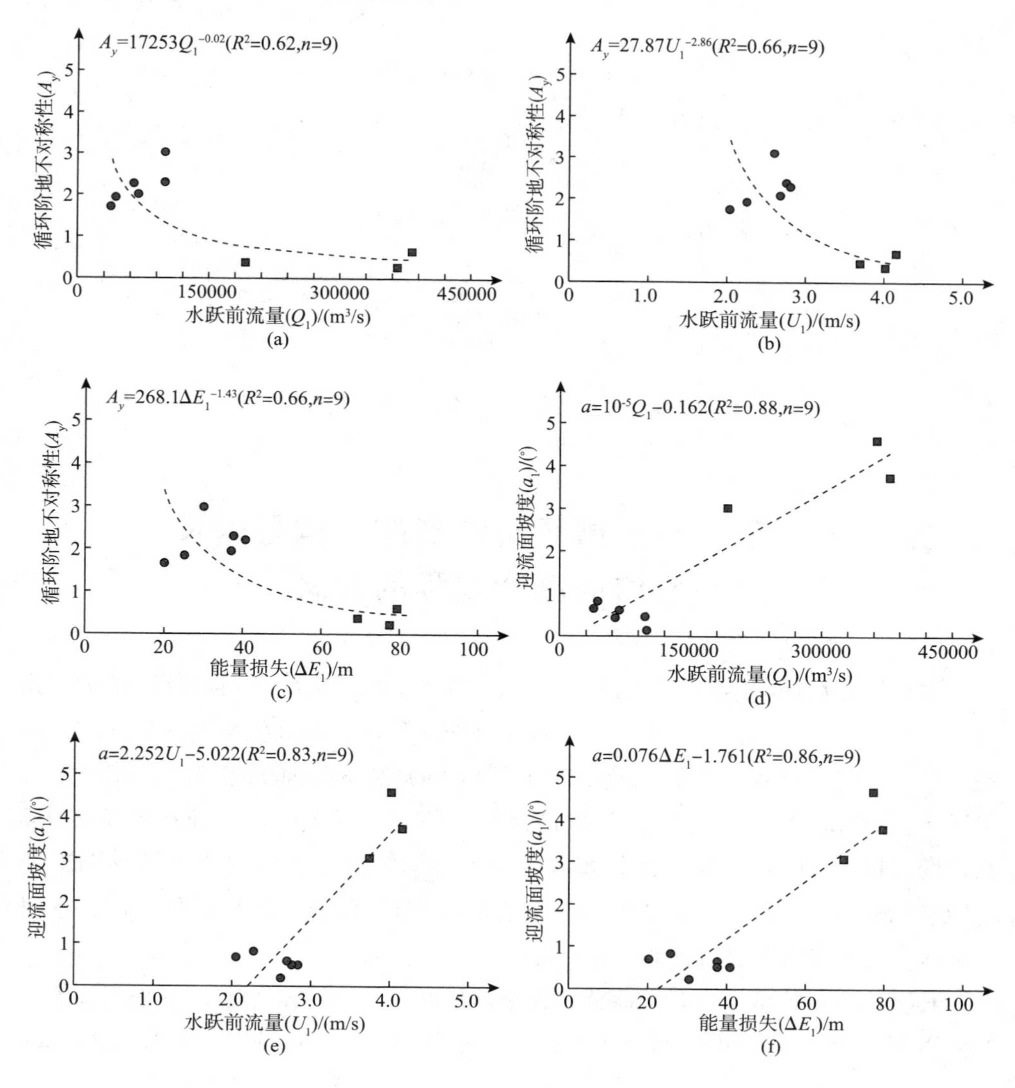

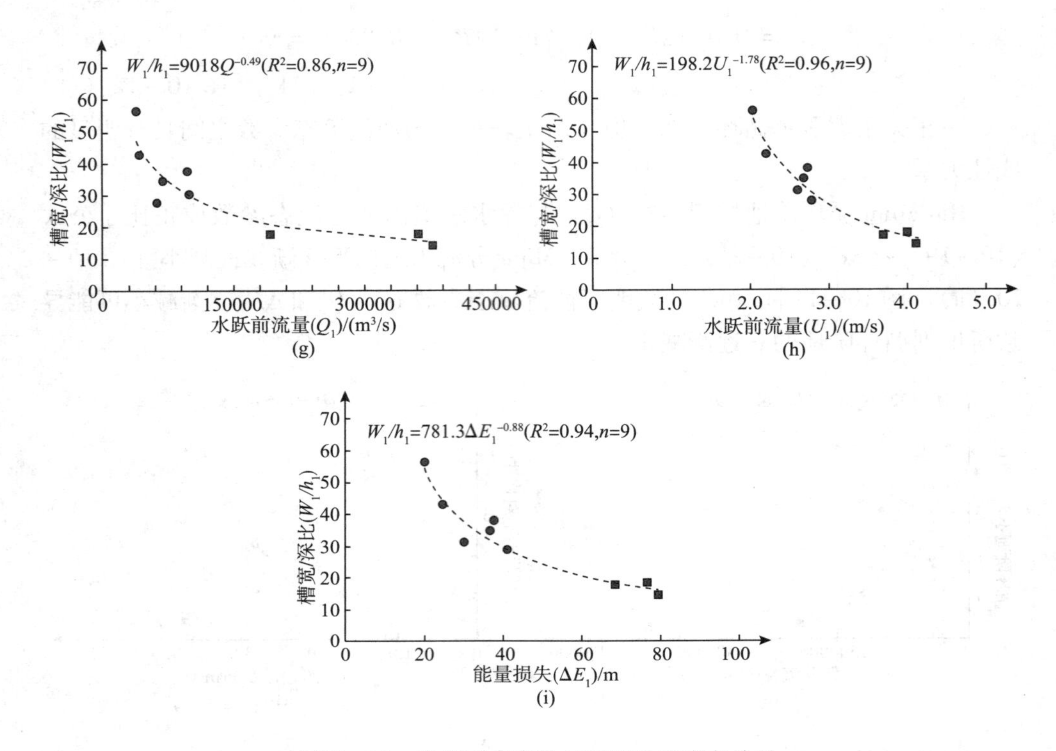

图10－12　浊流流态参数与循环阶地形态关系

第七节　理解循环阶地形态、构型以及相应浊流流动过程的意义

本章研究数据和结果主要有三个贡献。首先，虽然近年来对循环阶地的认识有了很大的进展，但目前尚不清楚净侵蚀型循环阶地和净沉积型循环阶地的形成是否是一个连续过程（Symons 等，2016；Deptuck 和 Sylvester，2017）。正如第五节所述，沿 Rio Muni 分流水道最深谷底线，循环阶地呈现从净侵蚀到净沉积的逐渐转变（图 10－13），我们将其归因于浊流搬运沉积物的能力向下游逐渐减弱（浊流流态参数三 U_1、Q_1 和 ΔE_L 向下游逐渐减小）。因此，研究结果表明，在研究区净侵蚀和净沉积循环阶地的形成是一个连续过程。

其次，净侵蚀型循环阶地广泛存在于从山间河流到深水盆地，也是现代海底的显著特征之一（Fildani 等，2006；Kostic，2011；Macdonald 等，2011；Covault

等，2014），然而，由于高能超临界流沉积物不易保存，识别古代侵蚀型循环阶地的文献较少（Cartigny 等，2014；Covault 等，2014）。Rio Muni 盆地 3 个闭合凹陷（S1 ~ S3）解释为净侵蚀型循环阶地。因此，它们的形态和构型参数以及本章所计算的这些循环阶地形成时的浊流流态参数，为沉积学解释以及古代净侵蚀型循环阶地数值模拟和物理实验提供了新视角。

最后，正如 Kostic（2011）和 Covault 等（2014）所说，目前还没有形成一套关于净侵蚀型循环阶地和净沉积型循环阶地的可靠识别标准。本章研究结果表明，净侵蚀型循环阶地具有以下特征：①平面地形形态闭合；②剖面形态较对称；③内部结构呈扰动和不连续特征；④与下伏地层的侵蚀接触；⑤溯源迁移能力强；⑥形成循环阶地浊流的流态参数 U_1、Q_1和 ΔE_L相对较大（图 10 – 13）。相反，净沉积型循环阶地具有以下特征：①开口凹陷；②剖面形态不对称；③成层性好和内部连续；④与下伏地层渐变接触；⑤垂向加积能力强；⑥形成循环阶地时浊流的流态参水 U_1、Q_1和 ΔE_L相对较小（图 10 – 13）。本章列出的识别标准有助于区分净侵蚀型循环阶地与净沉积型循环阶地。

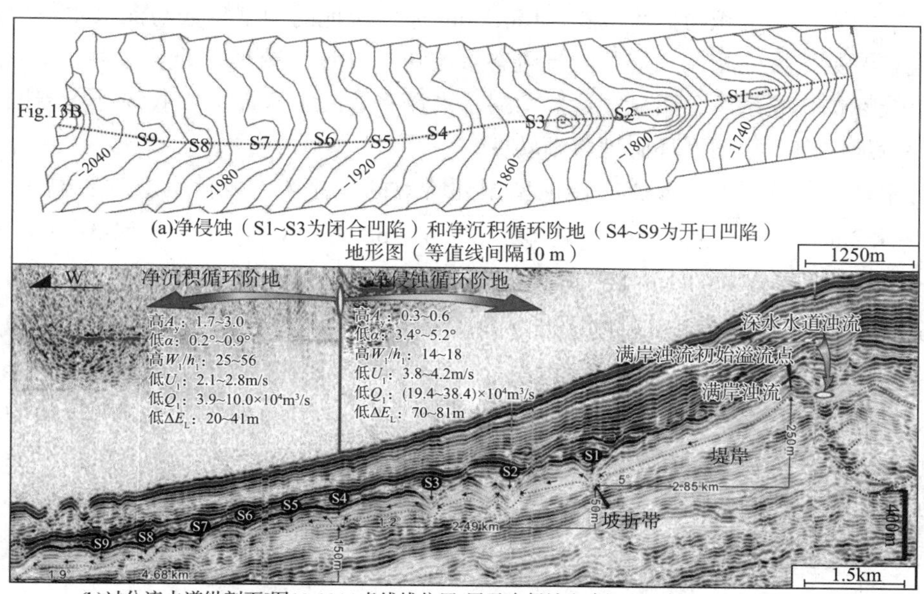

(a)净侵蚀（S1~S3为闭合凹陷）和净沉积循环阶地（S4~S9为开口凹陷）地形图（等值线间隔10 m）

(b)过分流水道纵剖面[图10-13(a)虚线线位置]展示净侵蚀和净沉积型循环阶地流态参数的形态参数（A_y，a，W_1/h_1）与浊流（U_1、Q_1和ΔE_L）的差异

图 10 – 13　循环阶地地形等值线图及循环阶地横剖面

第八节 小 结

深水循环阶地在现代海底普遍存在，但人们对此没有充分了解。本章研究区识别出3个净侵蚀和6个净沉积循环阶地，并对它们的形态、构型以及形成时的浊流动力学流态参数进行了研究。这一研究结果有助于提高对循环阶地的认识。

形态上看，净侵蚀型循环阶地具有以下特征：①平面地形形态闭合；②剖面形态较对称；③较低的 W_1/h_1 比值。相反，净沉积型循环阶地具有以下特征：①开口凹陷；②剖面形态不对称；③W_1/h_1 比值较高。循环阶地形态参数与循环阶地形成时浊流流态参数 U_1、Q_1 和 ΔE_L 呈幂函数关系。

在构型上看，净侵蚀型循环阶地具有以下特征：①内部扰动和不连续；②与下伏地层侵蚀接触；③溯源迁移能力强；④以侵蚀为主。相反，净沉积型循环阶地则具有以下特征：①成层性良好和内部连续；②与下伏地层渐变接触；③垂向加积能力强；④沉积物披覆沉积。Rio Muni 循环阶地的构型参数与深水水道内浊流流态参数呈线性相关，这些浊流流态参数随着 D_i 逐渐减小，并且这两类循环阶地沿线性拟合关系区分明显，这些均揭示沿深水分流水道最深谷底线，净侵蚀型循环阶地向净沉积型循环阶地逐渐转变。

水动力学特征上，形成净侵蚀型循环阶地的浊流流态推测为具有：高 $U_1=3.8\sim4.2$m/s（平均4.0m/s），高 $Q_1=19.4\sim38.4\times10^4$ m^3/s（平均 31.5×10^4 m^3/s），高 $\Delta E_L=70\sim81$m（平均76m）。相比之下，形成净沉积型循环阶地的浊流流态具有：低 $U_1=2.1\sim2.8$m/s（平均2.6m/s），低 $Q_1=3.9\times10^4\sim10.0\times10^4$m^3/s（平均 6.9×10^4m^3/s），低 $\Delta E_L=20\sim41$m（平均32m）。浊流流态参数 U_1、Q_1 和 ΔE_L 沿分流水道由近至远线性减小，表明净侵蚀到净沉积循环阶地的逐渐转变可能浊流流态参数 U_1、Q_1 和 ΔE_L 顺流逐渐减小决定的（沉积物搬运能力顺流逐渐减弱）。

参考文献

[1] 蔡华. 东海平湖油气田潮道砂体垂向特征及平面分布 [J]. 海洋地质前沿, 2013, 29 (8): 39 – 44.

[2] 陈清华, 周宇成, 孙珂, 等. 永安镇油田永 3 断块沙二下河口坝储层结构单元划分及其意义 [J]. 中国石油大学学报: 自然科学版, 2014, 38 (2): 10 – 16.

[3] 陈诗望, 姜在兴, 腾彬彬, 等. 厄瓜多尔奥连特盆地白垩系 M1 油藏沉积储层新认识 [J]. 地学前缘, 2012, 19 (1): 182 – 187.

[4] 陈林, 宋海斌. 海底天然气渗漏的地球物理特征及识别方法 [J]. 地球物理学进展, 2005, 20 (4): 1067 – 1073.

[5] 陈琳琳. 东海西湖凹陷平湖组海进潮道砂体成因分析 [J]. 海洋石油, 2000, 2: 15 – 21.

[6] 程岳宏, 于兴河, 刘玉梅, 等. 正常曲流河道与深水弯曲水道的特征及异同点 [J]. 地质科技情报, 2012, 27 (5): 72 – 81.

[7] 邓宏文, 郑文波. 珠江口盆地惠州凹陷古近系珠海组近海潮汐沉积特征 [J]. 现代地质, 2009, 23 (5): 767 – 775.

[8] 邸鹏飞, 黄华谷, 黄保家, 等. 莺歌海盆地海底麻坑的形成与泥底辟发育和流体活动的关系 [J]. 热带海洋学报, 2012, 31 (5): 26 – 36.

[9] 段冬平, 侯加根, 刘钰铭, 等. 河控三角洲前缘沉积体系定量研究——以鄱阳湖三角洲为例 [J]. 沉积学报, 2014, 32 (2): 270 – 277.

[10] 方念乔. 恒河深海扇东北区域晚第四纪气候和海平面变化对沉积作用的控制 [J]. 现代地质, 1990, 4 (1): 10 – 22.

[11] 冯志强, 张顺, 付秀丽. 松辽盆地姚家组—嫩江组沉积演化与成藏响应 [J]. 地学前缘, 2012, 19 (1): 78 – 88.

[12] 高志勇, 周川闽, 董文彤, 等. 浅水三角洲动态生长过程模型与有利砂体分布——以鄱阳湖赣江三角洲为例 [J]. 现代地质, 2016, 30

(2)：341－352.
[13] 龚建明，张莉，陈建文，等．ODP204 航次天然气水合物的可能有利储层——浊积层［J］．现代地质，2005，19（1）：21－25.
[14] 何文祥，吴胜和，唐义疆，等．河口坝砂体构型精细解剖［J］．石油勘探与开发，2005，32（5）：42－46.
[15] 黄薇，张顺，张晨晨，等．松辽盆地嫩江组层序构型及其沉积演化［J］．沉积学报，2013，31（5）：920－927.
[16] 黄迺和，潘永信．古河口湾沉积物的识别——以格目底煤矿区为例［J］．沉积学报，1992，10（4）：111－118.
[17] 金振奎，李燕，高白水，等．现代缓坡三角洲沉积模式——以鄱阳湖赣江三角洲为例［J］．沉积学报，2014，32（4）：710－723.
[18] 李磊，许璐，刘豪，等．末端分流河道－河口坝三维地震表征及其演化——以松辽盆地古龙凹陷英 79 井区为例［J］．石油学报，2016，10（37）：1－9.
[19] 李磊，王小刚，谭卓，等．东海西湖凹陷始新统复合潮汐水道的三维地震表征［J］．天然气地球科学，2015，2（26）：352－359.
[20] 李磊，闫瑞，张锦飞，等．西非 Rio Muni 盆地深水水道特征与成因［J］．现代地质，2015，1（29）：80－88.
[21] 李磊，李志军，闫瑞，等．Rio Muni 盆地第四纪陆坡地震地貌学［J］．沉积学报，2014，3（32）：485－493.
[22] 李磊，邵子玮，都鹏燕，等．穆尼盆地第四纪深水弯曲水道：构型、成因及沉积过程［J］．现代地质，2013，2（26）：350－354.
[23] 李磊，王小刚，曹冰，等．东海陆架沙脊三维地震地貌学、成因及演化［J］．现代地质，2013，4（27）：783－790.
[24] 李磊，裴都，都鹏燕，等．海底麻坑的构型、特征、演化及成因——以西非木尼河盆地陆坡为例［J］．海相油气地质，2013，4（18）：53－58.
[25] 李磊，李志军，闫瑞，等．Rio Muni 盆地第四纪陆坡地震地貌学［J］．沉积学报，2014，32（3）：485－493.
[26] 李磊，李彬，王英民，等．块体搬运沉积体系地震地貌及沉积构型：以珠江口盆地和尼日尔三角洲盆地为例［J］．中南大学学报（自然科学版），2013，44（6）：2410－2416.
[27] 李磊，王英民，徐强，等．南海北部陆坡地震地貌及深水重力流沉积过程

主控因素［J］. 中国科学：地球科学，2012，42（10）：1533－1543.
［28］李磊，王英民，张莲美，等. 尼日尔三角洲下陆坡限定性重力流沉积过程及响应［J］. 中国科学（地球科学），2010，40（11）：1591－1597.
［29］李守军，初凤友，方银霞，等. 南海北部陆坡神狐海域浅地层与单道地震剖面联合解释水合物区沉积地层特征［J］. 热带海洋学报，2010，29（4）：56－62.
［30］梁宏伟，吴胜和，王军，等. 基准面旋回对河口坝储集层微观非均质性影响——以胜坨油田三区沙二段9砂层组河口坝储集层为例［J］. 石油勘探与开发，2013，40（4）：436－442.
［31］林煜，吴胜和，王星，等. 深水浊积水道体系构型模式研究——以西非尼日尔三角洲盆地某深水研究区为例［J］. 地质论评，2013，59（3）：510－519.
［32］林承焰，张宪国，董春梅. 地震沉积学及其初步应用［J］. 石油学报，2007，28（2）：69－72.
［33］林畅松，杨起，李思田，等. 贺兰奥拉槽早古生代深水重力流体系的沉积特征和充填样式［J］. 现代地质，1991，5（3）：252－262.
［34］刘君龙，纪友亮，杨克明，等. 浅水湖盆三角洲岸线控砂机理与油气勘探意义［J］. 石油学报，2015，36（9）：1060－1073，1155.
［35］刘新颖，于水，胡孝林，等. 深水水道坡度与曲率的定量关系及控制作用——以西非 Rio Muni 盆地为例［J］. 地球科学—中国地质大学学报，2012，37（1）：106－112.
［36］刘新颖，于水，胡孝林，等. 深水水道坡度与曲率的定量关系及控制作用——以西非 Rio Muni 盆地为例［J］. 吉林大学学报（地球科学版），2012，42（S1）：127－134.
［37］刘振夏，夏东兴. 中国近海潮流沉积沙体［M］. 北京：海洋出版社，2004：11－126.
［38］刘忠臣，陈义兰，丁继胜，等. 东海海底地形分区特征和成因研究［J］. 海洋科学进展，2003，21（2）：160－173.
［39］罗敏，吴庐山，陈多福. 海底麻坑研究现状及进展［J］. 海洋地质前沿，2012，28（5）：33－42.
［40］吕彩丽，吴时国，袁圣强. 深水水道沉积体系及地震识别特征研究［J］. 海洋科学集刊，2010，50：40－49.

[41] 平浚．射流理论基础及应用［M］．北京：宇航出版社，1995：74－126．
[42] 王嵘，张永战，夏非，等．南黄海辐射沙脊群海域底质粒度特征及其运输趋势［J］．海洋地质与第四纪地质，2012，32（6）：1－8．
[43] 王健，邱文弦，赵俐红．天然气水合物发育的构造背景分析［J］．地质科技情报，2010，29（2）：100－106．
[44] 王建功，王天琦，张顺，等．松辽坳陷盆地水侵期湖底扇沉积特征及地球物理响应［J］．石油学报，2009，30（3）：361－366．
[45] 王颖，朱大奎，周旅复，等．南黄海辐射沙脊群沉积特点极其演化［J］．中国科学（D 辑），1998，5（28）：385－393．
[46] 王振奇，肖洁，龙长俊，等．下刚果盆地 A 区块中新统深水水道沉积特征［J］．海洋地质前沿，2013，29（3）：5－12．
[47] 温立峰，吴胜和，王延忠，等．河控三角洲河口坝地下储层构型精细解剖方法［J］．中南大学学报：自然科学版，2011，42（4）：1072－1078．
[48] 吴自银，金翔龙，曹振轶，等．东海陆架沙脊分布及其形成演化［J］．中国科学－地球科学，2010，40（2）：188－198．
[49] 吴时国，龚跃华，米立军，等．南海北部深水盆地油气渗漏系统及天然气水合物成藏研究［J］．现代地质，2010，24（3）：433－440．
[50] 吴时国，秦蕴珊．南海北部陆坡深水沉积体系研究［J］．沉积学报，2009，27（5）：922－930．
[51] 吴自银，曹振轶，王小波，等．海底沙脊地貌的研究现状及进展［J］．海洋学研究，2006，24（3）：53－63．
[52] 吴自银，金翔龙，李家彪．中更新世以来长江口至冲绳海槽高分辨率地震地层学研究［J］．海洋地质与第四纪地质，2002，22（2）：9－20．
[53] 武法东，周平，苏新，等．东海陆架盆地西湖凹陷第三系层序地层与沉积体系分析［M］．北京：地质出版社，2000：72－83．
[54] 武法东，陆永潮，李思田，等．东海陆架盆地第三系层序地层格架与海平面变化［J］．地球科学——中国地质大学学报，1998，23（1）：13－20．
[55] 辛治国．河控三角洲河口坝构型分析［J］．地质论评，2008，54（4）：527－531．
[56] 杨延强，吴胜和．陡坡型扇三角洲上一类特殊类型河口坝的研究［J］．中国矿业大学学报，2015，44（1）：97－103．
[57] 杨飞，章学刚，张林科．深水沉积体系内部结构的地震沉积学研究［J］．

石油物探，2012，51（3）：292－295.

［58］杨文达．东海海底沙脊的结构及沉积环境［J］．海洋地质与第四纪地质，2002，22（1）：9－16.

［59］杨长恕．弶港辐射沙脊成因探讨［J］．海洋地质与第四纪地质，1985，5（3）：35－44.

［60］袁圣强，曹锋，吴时国，等．南海北部陆坡深水曲流水道的识别及成因［J］．沉积学报，2010，28（1）：68－74.

［61］曾洪流，赵贤正，朱筱敏，等．隐性前积浅水曲流河三角洲地震沉积学特征——以渤海湾盆地冀中坳陷饶阳凹陷肃宁地区为例［J］．石油勘探与开发，2015，42（5）：566－576.

［62］曾洪流，朱筱敏，朱如凯，等．砂岩成岩相地震预测——以松辽盆地齐家凹陷青山口组为例［J］．石油勘探与开发，2013，40（3）：266－274.

［63］赵宗举，易万霞，周进高，等．河南商城地区石炭系油坊组潮坪沉积组合的发现及意义［J］．大地构造与成矿学，2004，28（4）：435－443.

［64］赵保仁，方国洪，曹德明．渤、黄、东海潮汐潮流的数值模拟［J］．海洋学报，1994，16（5）：1－10.

［65］张晨晨，张顺，魏巍，等．松辽盆地嫩江组 T-R 旋回控制下的层序结构与沉积响应［J］．中国科学：地球科学，2014，44（12）：2618－2636.

［66］张建培，徐发，钟韬，等．东海陆架盆地西湖凹陷平湖组－花港组层序地层模式及沉积演化［J］．海洋地质与第四纪地质，2012，32（1）：35－41.

［67］张春生，刘忠保，施冬，等．三角洲分流河道及河口坝形成过程的物理模拟［J］．地学前缘，2000，7（3）：168－176.

［68］周川，范奉鑫，栾振东，等．南海北部陆架主要地貌特征及灾害地质因素［J］．海洋地质前沿．2013，29（1）：51－60.

［69］朱筱敏，赵东娜，曾洪流，等．松辽盆地齐家地区青山口组浅水三角洲沉积特征及其地震沉积学响应［J］．沉积学报，2013，31（5）：889－897.

［70］Ahmed S，Bhattacharya J P，Garza D E，et al. Facies architecture and stratigraphic evolution of a river-dominated delta front，Turonian Ferron sandstone，Utah，USA［J］. Journal of Sedimentary Research，2014，84（2）：97－121.

［71］Alpak F O，Barton M D，Naruk S J. The impact of fine-scale turbidite channel architecture on deep-water reservoirperformance［J］. American Association of Petroleum Geologists Bulletin，2013，97（2）：251－284.

[72] Andresen K J, Huuse M, Schodt N H, et al. Hydrocarbon plumbing systems of salt minibasins offshore Angola revealed by three-dimensional seismic analysis [J]. American Association of Petroleum Geologists Bulletin, 2011, 95 (6): 1039 - 1065.

[73] Bain H A, Hubbard S M. Stratigraphic evolution of a long-lived submarine channel system in the Late Cretaceous Nanaimo Group, British Columbia, Canada [J] . Sedimentary Geology, 2016, 337: 113 - 132.

[74] Bertoni C, Cartwright J, Hermanrud C. Evidence for large-scale methane venting due to rapid drawdown of sea level during the Messinian Salinity Crisis [J]. Geology, 2013, 41 (3): 371 - 374.

[75] Barry M A, Boudreau B P, Johnson B D. Gas domes in soft cohesivesediments [J]. Geological Society of America, 2012, 40 (4): 379 - 382.

[76] Brothers L L, Kelley J T, Bellknap D F, et al. Shallow stratigraphic control on pockmark distribution in north temperate estuaries [J]. Marine Geology, 2012, 329 - 331: 34 - 45.

[77] Beglinger S E, Doust H, Cloetingh S. Relating petroleum system and play development to basin evolution: West African South Atlantic basins [J]. Petroleum Geoscience, 2012, 18 (3): 1 - 25.

[78] Berne S, Vagner P, Guichard F, et al. Pleistocene forced regressions and tidal sand ridges in the East China Sea [J]. Marine Geology, 2002, 188 (3 - 4): 293 - 315.

[79] Babonneau N, Savoye B, Cremer M, et al. Sedimentary Architecture in Meanders of a Submarine Channel: Detailed Study of the Present Congo Turbidite Channel (Zaiango Project) [J]. Journal of Sedimentary Research, 2010, 80 (10): 852 - 866.

[80] Bridge J S, Best J. Flow, sediment transport and bedform dynamics over the transition from dunes to upper-stage plane beds: implications for the formation of planar laminae [J]. Sedimentology, 1988, 35: 153 - 163.

[81] Covault J A, Sylvester Z, Hubbard S M, et al. The stratigraphic record of submarine-channel evolution [J]. The Sedimentary Record, 2016, 14 (p): 4 - 11.

[82] Cartigny M J, Ventra D, Postma G. et al. Morphodynamics and sedimentary struc-

tures of bedforms under supercritical-flow conditions: New insights from flume experiments [J]. Sedimentology, 2014, 61 (3): 712 – 748.

[83] Covault J A, KosticA C, Paull K, er al. Submarine channel initiation, filling and maintenance from sea-floor geomorphology and morphodynamic modelling of cyclic steps [J]. Sedimentology, 2014, 61 (4): 1031 – 1054.

[84] Canestrelli A, Nardin W, Edmonds D, et al. Importance of frictional effects and jet instability on the morphodynamics of river mouth bars and levees [J]. Journal of Geophysical Research: Oceans, 2014, 119 (1): 509 – 522.

[85] Cartigny M J, Postma G, Berg J H. A comparative study of sediment waves and cyclic steps based on geometries, internal structures and numerical modelling [J]. Marine Geology, 2011, 280: 40 – 56.

[86] Cross N E, Cunningham A, Cook R J, et al. Three-dimensional seismic geomorphology of a deep-water slope-channel system: The Sequoia field, offshore west Nile Delta, Egypt [J]. American Association of Petroleum Geologists Bulletin, 2009, 93 (8): 1063 – 1086.

[87] Chanson H. Hydraulic jump, in The Hydraulics of Open Channel Flow: An Introduction, edited by Chanson [M]. H, 2nd Edition, Butterworth-Heineman. , Oxford, UK, 2004: 53 – 63.

[88] Cameron N R, Bate R, H, Clure V, et al. The Oil and Gas Habitats of the South Atlantic [J]. Petroleum Geoscience, 2000, 6: 191 – 192

[89] Deptuck M E. Sylvester Submarine fans and their channels, levees, and lobes, in (Springer Geology), edited by Micallef A, Krastel S, Savini [M]. Submarine Geomorphology, 2017: 273 – 299.

[90] De Leeuw J, Eggenhuisen J T, Cartigny M J B. Morphodynamics of submarine channel inception revealed by new experimental approach [J]. Nature Communications, 2016, 7: 10886.

[91] Dunlap D B, Wood L J, Haddou Jabour, et al. Seismic geomorphology of offshore Morocco' s east margin, Safi Haute Mer area [J]. American Association of Petroleum Geologists Bulletin, 2010, 94 (5): 615 – 642.

[92] Deptuck M E, Sylvester Z, Pirmez C, et al. Migration-aggradation history and 3 – D seismic geomorphology of submarine channels in the Pleistocene Benin-major Canyon, western Niger Delta slope [J]. Marine and Petroleum Geology,

2007, 24: 406 - 433.

[93] Deptuck M E, Steffens G S, Barton M, et al. Architecture and evolution of upper fan channel belts on the Niger Delta slope and in the Arabian Sea [J]. Marine and Petroleum Geology, 2003, 20 (6 ~ 8): 649 - 676.

[94] Dailly P, Lowry P, Goh K, et al. Exploration and development of Ceiba Field, Rio Muni Basin, Southern Equatorial Guinea [J]. The Leading Edge, 2002, 21 (11): 140 - 147.

[95] Esposito C R, Georgiou I Y, Kolker A S. Hydrodynamic and geomorphic controls on mouth barevolution [J]. Geophysical Research Letters, 2013, 40 (8): 1540 - 1545.

[96] Enge H D, Howell J A, Buckley S J. The geometry and internal architecture of stream mouth bars in the panther tongue and the ferron sandstone members, Utah, U. S. A. [J]. Journal of Sedimentary Research, 2010, 80 (11): 1018 - 1031.

[97] Edmonds D A, Slingerland R L. Mechanics of river mouth bar formation: Implications for the morphodynamics of delta distributarynetworks [J]. Journal of Geophysical Research, 2007, 112 (F2): F02034.

[98] Eisma D. Intertidal deposits: river mouths tidal flats and coastallagoons [M]. CRC Marine Science, 1998: 19 - 343.

[99] Fildani A, Hubbar S M, Covault J A, et al. Erosion at inception of deep-sea channel [J]. Marine and Petroleum Geology, 2013, 41: 48 - 61.

[100] Forsyth A J, Nott J, Bateman M D, et al. Juxtaposed beach ridges and foredunes within a ridge plain — Wonga Beach, northeast Australia [J]. Marine Geology, 2012, 15 (307 - 310): 111 - 116.

[101] Forwick M, Baeten N J, Vorren T O. Pockmarks in spitsberenfjords [J]. Norwegian Journal of Geology, 2009, 89: 65 - 77.

[102] Fan H, Huang H J, Zeng T Q, et al. River mouth bar formation, riverbed aggradation and channel migration in the modern Huanghe (Yellow) River delta, China [J]. Geomorphology, 2006, 74 (1/4): 124 - 136.